JN036995

Optunaによる
ブラックボックス
最適化

[共著] 佐野正太郎　　秋葉拓哉　　今村秀明
　　　太田 健　　　　水野尚人　　柳瀬利彦

OPTUNA

まえがき

　深層学習に代表される機械学習技術によって，多くの仕事が自動化されつつあ
ります．機械学習は処理のルールをデータから"自動"で習得する技術ではありま
すが，依然として，人間が"手動"で決めなければならない設定項目（ハイパーパ
ラメータ）が多く存在します．ハイパーパラメータは，ときおり機械学習モデル
の性能を大きく左右するため，その調整は機械学習の実用において重要です．一
般に，ハイパーパラメータの調整には膨大な手間と時間がかかります．ハイパー
パラメータを何らかの値に設定し，実験してその性能を評価するというサイクル
を，何度も繰り返す必要があるからです．

　"ブラックボックス最適化"は，ハイパーパラメータ調整のサイクルを自動化・
効率化します．この枠組では，ハイパーパラメータと機械学習モデルの性能の関
係を1つの関数に見立て，ハイパーパラメータを関数への入力，性能を関数から
の出力とします．関数からの出力（性能）を改善するような入力（ハイパーパラ
メータ）を自動で探すのがブラックボックス最適化の仕事です．ブラックボック
ス最適化は汎用性も高く，機械学習のハイパーパラメータ調整に限らず，工学や
日常生活にかかわる多くのことを最適化できます．例えば，本書の CHAPTER 4 で
はミドルウェアのパフォーマンス調整や，お菓子のレシピ作成にブラックボック
ス最適化を応用する方法も紹介しています．

　本書では，筆者らが開発したツール"Optuna"を通し，ブラックボックス最
適化の使い方と仕組みを解説します．Optuna はプログラミング言語 Python で
記述されたブラックボックス最適化のためのツールです．直観的に扱えるインタ
フェースや効率的なアルゴリズムに加え，ブラックボックス最適化を使いこなす
ための豊富な機能を提供しています．例えば，"多目的最適化"により，機械学習
モデルの精度と推論速度といった，トレードオフのある出力を同時に改善するこ
とができます．また，"分散並列最適化"により，最適化を数百ノードのクラスタ
にスケールさせることもできます．

　本書は，入門・応用・理論の三部構成となっています．ブラックボックス最適化を
初めて学習する方は，入門となる CHAPTER 1 と CHAPTER 2 から読むことをお勧

めします．CHAPTER 1 では，ブラックボックス最適化のアイデアと利点を説明し，CHAPTER 2 では，数式や機械学習モデルの最適化の例を通して基本的な Optuna の使い方を説明しています．応用となる CHAPTER 3 と CHAPTER 4 は，一度はブラックボックス最適化に触れたことのある方に向けて，その適用シーンを広げることを目的として書かれています．CHAPTER 3 では，多目的最適化や分散並列最適化などの，Optuna の発展的な機能を解説し，CHAPTER 4 では，Optuna とブラックボックス最適化の現実世界への応用例を紹介しています．理論の CHAPTER 5 と CHAPTER 6 は，Optuna やブラックボックス最適化がどのように動いているのかを知りたい方に向けた内容となっています．CHAPTER 5 では，Optuna の実装上の仕組みを解説し，CHAPTER 6 では，Optuna に実装されているアルゴリズムの詳細を解説します．

　実際に手を動かしながら Optuna の使い方を学習できるよう，随所に Python のコードが記載されています．これらのコードは，以下の GitHub リポジトリにまとめられています．

https://github.com/pfnet-research/optuna-book

　最後に，本書を執筆するにあたりお世話になった皆様に，この場をお借りして感謝申し上げます．株式会社 Preferred Networks の鈴尾大地氏，平松 淳 氏，ヤマザキ裕幸ヴィンセント氏，芝田 将 氏，小山雅典氏，南 賢太郎氏，阿部健信氏，秋田大空氏，小寺正明氏，鈴木海渡氏，増田慎平氏，大橋駿介氏には本書の草稿をレビューいただき，多くの有益なご助言をいただきました．また，執筆期間を通し，株式会社 清閑堂の木枝祐介氏と株式会社オーム社 編集局の方々にさまざまなご支援をいただきました．心より感謝いたします．

　2023 年 1 月

著者を代表して
佐野　正太郎

目　次

## CHAPTER 1

ブラックボックス最適化の基礎

本章では，本書の主題であるブラックボックス最適化とは何か，それによって何ができるのかについて説明します．

私たちが最近直面している身近な課題の多くがブラックボックス最適化の問題に置き換えることができ，それによって従来の手法と異なった方法で取り組むことが可能であることについて述べます．

課題をブラックボックス最適化として抽象化するために必要な目的関数という考え方，そしてブラックボックス最適化の処理を自動的かつ効率的に行うための代表的なアプローチである SMBO について説明します．

1.1 ブラックボックス最適化とは？

本書で扱う**ブラックボックス最適化**（black-box optimization）と聞いて，皆さんはいったいどのようなものを連想するでしょうか？

最適化という情報工学にとって長年にわたって重要なキーワードに，ブラックボックスという，ややくだけた印象のする語が組み合わさっていますが，用語を聞いただけではおそらくイメージがわかないと思います．

以下では，まずブラックボックス最適化の具体的なイメージをつかむため，ブラックボックス最適化が適用できる身近な実例を紹介します[*1]．

1.1.1 | 機械学習のハイパーパラメータ最適化と ブラックボックス最適化

機械学習では**ハイパーパラメータ最適化**（hyperparameter optimization）が重要という話を聞いたことはないでしょうか．ここで，ハイパーパラメータとは，機械学習アルゴリズムの挙動を制御するパラメータのことです．例えば，深層学習（deep learning，ディープラーニング）であれば学習率やドロップアウト確率，L2 正則化係数などこれにあたります．

ハイパーパラメータ最適化は機械学習アルゴリズムが力を発揮するためにほぼ不可欠であり，特に，深層学習ではハイパーパラメータの数が多い傾向があることもあって，学習性能を大きく左右するといわれています．一方，ハイパーパラメータ最適化はアルゴリズム化，マニュアル化の難しい煩わしい作業をいくつも必要とするため，深層学習を用いる多くの研究者・エンジニアが，ハイパーパラメータ最適化を手動で行っており，かなりの時間を費やしてしまっているといわれています．Optuna などのブラックボックス最適化フレームワークを適用することにより，この作業を自動化できます．

[*1] これらの実例において Optuna を利用し，ブラックボックス最適化を実際に行う方法については CHAPTER 4 参照．

1.1.2 ｜ 動画のエンコード設定の調整

次に，機械学習とはまったく関係のないブラックボックス最適化の例として，動画のエンコード（符号化）の設定を取り上げます．

FFmpeg[*2] のようなソフトウェアを用いて動画をエンコードする際には，一般にエンコードのアルゴリズムを制御するためのさまざまなパラメータを指定します．これには，通常はプリセットとして用意されているパラメータを利用すれば十分ですが，エンコード対象の動画によっては，プリセットとは異なるパラメータの値を指定するほうが，ファイルサイズをより小さくすることができたり，画質をより向上させることができたりする可能性があります．

こういったソフトウェアのパラメータ調整も，手動で行うかわりに，ブラックボックス最適化を適用し自動化することができます．実際に FFmpeg のパラメータの最適化をブラックボックス最適化で行った報告もあります[*3]．また，RocksDB[*4] というデータベースソフトウェアの速度を引き出すためのパラメータを Optuna で最適化した報告もあります[*5]．

なお，4.4 節では，Web サービスを運用する際のパフォーマンスを向上させるために，Java VM のパラメータをブラックボックス最適化で探索した事例を詳細に紹介します．

1.1.3 ｜ 美味しいコーヒーの淹れ方の探求

さらに，少し変わった使い方ですが，美味しいコーヒーの淹れ方も，ブラックボックス最適化によって探求することができます．たとえ同じコーヒー豆を使っていても，注ぐお湯の温度，豆の量，抽出時間などのわずかな変化によって，でき上がるコーヒーの味わい・香りは変わります．多くのコーヒー愛好家は，コー

---

*2 https://ffmpeg.org/ （2023 年 1 月確認）

*3 https://gist.github.com/sile/8aa1ff7808dd55298f51dd70c8b83092 （2023 年 1 月確認）

*4 https://rocksdb.org/ （2023 年 1 月確認）

*5 https://gist.github.com/sile/1c58e35aaff546660ceaca5df5199c7e （2023 年 1 月確認）

ヒーが好みの味になるよう，淹れ方を少しずつ変え，試行錯誤を繰り返している
ことでしょう．

一方，ここでもブラックボックス最適化を適用することで，試行錯誤を自動化
することができます．実際，ブラックボックス最適化を適用してコーヒーの淹れ方
を最適化している方がおり，「本やネットで調べたものよりも美味しい淹れ方が見
つかった印象です」と報告されています[*6]．また，クッキーのレシピをブラック
ボックス最適化により自動的に探求された例も報告されています．こちらは4.5節
で詳細に紹介します．

1.2　目的関数と最適化

上記のとおり，ブラックボックス最適化は多種多様な目的で使用できる便利
な手法です．ブラックボックス最適化を使用するには，本書で説明する Optuna
やそのほかの**ブラックボックス最適化フレームワーク**（black-box optimization
framework）を用いることになります．

ブラックボックス最適化では，最適化の対象を**目的関数**（objective function）
として抽象化し，それを通じてパラメータを最適化します．ここで，目的関数は，
入力としてパラメータを受け取り，出力としてそのパラメータに対する**評価値**
（evaluation value）を返す関数です（**図 1.1**）．

例えば，深層学習の使用時に精度を最大化（最適化）するために，学習率，ド
ロップアウト確率，L2 正則化係数という 3 つのハイパーパラメータ[*7] を調整し

図 1.1　目的関数

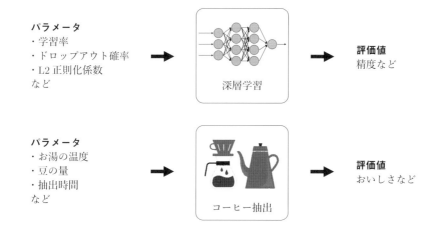

図 1.2　目的関数の例

たいとしましょう．ここで，学習率，ドロップアウト確率，L2 正則化係数の 3 つの値を入力として受け取り，実際に深層学習を行い，計測された精度の数値を結果として出力する一連のプロセスが目的関数になります．

　また，1.1.3 項のコーヒーの例では，味わい・香りを最適化するために，注ぐお湯の温度，豆の量，抽出時間を調整するとすれば，注ぐお湯の温度，豆の量，抽出時間という 3 つの値を入力として受け取り，実際にコーヒーを淹れ，味わい・香りを確認し，どれぐらい美味しかったかを数値化したものを出力とする一連のプロセスが目的関数になります．ただし，コーヒーを淹れて味わい・香りを確認するという人間の作業が間に挟まるため，プログラミング言語の意味での「関数」からすると少しイメージしにくいかもしれませんが，値を入力し，評価結果を数値として出力できるものであれば，原理的には何でも目的関数とすることが可能であり，ブラックボックス最適化を適用することができます（**図 1.2**）．

　Optuna のようなブラックボックス最適化フレームワークは，これらの目的関数を受け取り，自動的に最適化するものです．いいかえれば，ブラックボックス最適化フレームワークは，目的関数の定義にしたがって実際にさまざまな入力を試し，出力値がよくなるよう試行錯誤するためのものです．

1.3　グリッドサーチとランダムサーチ

　ブラックボックス最適化を自動的に行うための最も基礎的なアルゴリズムが，グリッドサーチとランダムサーチ[2] です.

1.3.1 ｜ グリッドサーチ

　グリッドサーチ（grid search）はパラメータの組合せを全通り試し，その結果，目的関数の評価値が最もよかったパラメータを採用するというアルゴリズムです.例えば，いま深層学習を用いており，パラメータの候補を**表 1.1** のように設定したとします.

　この例の場合，全部で $2 \times 2 \times 2 = 8$ 通りの組合せがありますが，グリッドサーチはこの 8 通りの組合せを実際に試します.具体的には，**表 1.2** のようになります.つまり，この 8 通りの組合せそれぞれに対して，実際に深層学習モデルの学習と評価を行い精度を評価し，最もよかったパラメータを採用します.

　グリッドサーチは理解しやすく実装が簡単なため根強い人気があります.特に，網羅的に探索できるくらい探索範囲が十分に小さくかつ目的関数の実行が高速に行える場合や，網羅的な評価値の一覧をつくりたい場合には，とても便利なアルゴリズムといえます.一方で，実際には網羅的な探索が難しい場合や目的関数が

表 1.1　パラメータの候補値の例

パラメータ	値の候補
学習率	10^{-3}, 10^{-2}
ドロップアウト確率	0.1, 0.5
L2 正則化係数	10^{-5}, 10^{-4}

表 1.2　グリッドサーチで試すパラメータの組合せの例

パラメータ	組合せ							
	1	2	3	4	5	6	7	8
学習率	10^{-3}	10^{-3}	10^{-3}	10^{-3}	10^{-2}	10^{-2}	10^{-2}	10^{-2}
ドロップアウト確率	0.1	0.1	0.5	0.5	0.1	0.1	0.5	0.5
L2 正則化係数	10^{-5}	10^{-4}	10^{-5}	10^{-4}	10^{-5}	10^{-4}	10^{-5}	10^{-4}

実行できる回数に限りがある場合のほうが多いため，グリッドサーチは一般的にいって効率が悪く，あまりお勧めできません．

1.3.2 ｜ ランダムサーチ

ランダムサーチ（random search）はその名のとおり，ランダムなパラメータの組合せを試すというアルゴリズムです．擬似乱数を利用し，各パラメータについて候補となる範囲からランダムな値を1つ選択し試行します．例えば，1.3.1項でみた深層学習の例で，パラメータの範囲を**表1.3**のように設定したとします[*8]．

ここで疑似乱数を用いるため，試すパラメータの値の組合せは一般に一意ではありません．例えば，**表1.4**のようになります．なお，すべての組合せを試し終わったら終了するグリッドサーチとは異なり，ランダムサーチでは理論上はいくらでも試行することができてしまうため，運用上，実行時間や試行回数の指定が必要になります．

表 1.3　ランダムサーチにおけるパラメータの候補値の例

パラメータ	値の範囲
学習率	$10^{-3} \sim 10^{-2}$
ドロップアウト確率	$0.1 \sim 0.5$
L2 正則化係数	$10^{-5} \sim 10^{-4}$

表 1.4　ランダムサーチで試すパラメータの組合せの例

パラメータ	組合せ				
	1	2	3	4	・・・
学習率	8.4×10^{-3}	8.0×10^{-3}	7.2×10^{-3}	5.5×10^{-3}	・・・
ドロップアウト確率	0.26	0.21	0.49	0.40	・・・
L2 正則化係数	5.8×10^{-5}	9.3×10^{-5}	8.0×10^{-5}	8.9×10^{-5}	・・・

[*8]　2.2.2 項で説明するように，実用的な観点では，学習率や L2 正則化係数のようなパラメータは対数スケールで考えるべきです．

1.4 SMBO

グリッドサーチやランダムサーチでもブラックボックス最適化を行うことは
できますが，実際にはあまり効率的な方法とはいえません．本節では，ブラッ
クボックス最適化をより効率的に行うための **SMBO**（sequential model-based
optimization）[19] と呼ばれるアプローチの概要について説明します．

人間が自らの手でブラックボックス最適化を行う場合，はたして 1.3 節で説明
したようなグリッドサーチやランダムサーチのようなやり方をするでしょうか？
例えば，手動で深層学習のハイパーパラメータを 1 つひとつ試行錯誤する場合や，
コーヒーの淹れ方を試行錯誤する場合を考えてみてください．おそらく多くの人
は，見た目に明らかに評価結果がよくならないと思われるパラメータの組合せは
事前に対象から外したうえ，さらに，次はどのようなパラメータを試せばよりよ
くできそうか，それまでに試したパラメータとその評価結果をもとに，毎回予測
を立てながら試行錯誤するのではないかと思います．これはグリッドサーチでも
ランダムサーチでもありません．

この試行錯誤の方法を自動的に行おうというのが SMBO のアイデアです．すな
わち，SMBO では，それまでの試行の結果をもとに，より有望なパラメータ候補を
推定し優先的に模索するということを繰り返していきます．そして，Optuna を含
むブラックボックス最適化フレームワークは SMBO を実装しています[*9]．SMBO
の具体的なアルゴリズムとしてはさまざまなものが存在します（CHAPTER 6 参照）．

なお，有望なパラメータの推定に確率モデルを仮定してベイズ的な取扱いをす
る手法は**ベイズ最適化**（Bayesian optimization）[24] と呼ばれています．つまり，
SMBO はブラックボックス最適化のアプローチの 1 つであり，さらにベイズ最適
化は SMBO のアプローチの 1 つです．

[*9]　Hyperband[21] や準モンテカルロ法[2] など，正確には SMBO ではないアルゴリズムを
　　　提供しているブラックボックス最適化フレームワークもあり，Optuna もその 1 つです．

1.5 ブラックボックス最適化の利用対象

上記のとおり，ブラックボックス最適化とは，その名のとおり，最適化する対象の目的関数を「ブラックボックス」，すなわち中身が一切わからないものとして，試行錯誤だけを通じて最適化する手法です．ブラックボックス最適化は非常に汎用的な枠組で，あらゆる問題に活用できる魔法のようなアプローチのように思えるかもしれません．しかし，実際はそうではありません．それではブラックボックス最適化を用いるべきでないのはどういった場合なのでしょうか？

1つあげられるのは，最適化する対象の数理的な構造を利用可能な場合です．最適化する対象がブラックボックスではなく，その数理的な構造が明らかになっている場合，それを積極的に利用するアルゴリズムのほうが一般により高速・高精度に最適化を行うことができます．例えば，目的関数が線形関数であるとわかっていれば，ブラックボックス最適化を適用するよりも，線形計画問題として定式化し，単体法や内点法のようなアルゴリズムを適用するほうがより高速・高精度に問題を解決できるでしょう．また，目的関数が微分可能な関数であり，勾配が効率的に計算可能ということであれば，勾配降下法のようなアルゴリズムを適用すれば，より高速・高精度に問題を解決できるでしょう．

逆に，数理的な構造が明らかではないため試行錯誤による改善が必要となるような，機械学習のハイパーパラメータ最適化などの場面では，ブラックボックス最適化の絶好の出番ということになります．

## CHAPTER 2

はじめてのOptuna

前章で，ブラックボックス最適化は，最適化する対象の
目的関数を「ブラックボックス」，すなわち中身が一切わ
からないものとして，試行錯誤だけを通じて最適化する
手法であること，そして，Optuna はブラックボックス最
適化を簡単に実行するためのフレームワークの1つであ
ることについて説明しました．

続く本章では，Python のコードを実行しながら Optuna
の使い方を会得することを目指します．最初に簡単な数
式の最適化を通し，Optuna に登場する基本的な概念や
インタフェースについて説明します．その後，より実践
的な例として，機械学習モデルのハイパーパラメータを
最適化し，その結果を分析・可視化する方法を示します．

2.1 環境構築

2.1.1 │ Python について

Optuna はプログラミング言語の 1 つである Python 上で動作します．本書では以下，Python がインストールされた環境を想定します．Python のインストールにはいくつかの方法がありますが，Python の公式サイト[*1] などを参考にするとよいでしょう．

Optuna がサポートする Python のバージョンは開発状況によって変わりますが，2023 年 1 月時点では Python 3.7 以降での動作が確認されています．

2.1.2 │ Optuna のインストール

さて，Python がすでにインストールされていれば，**リスト 2.1** のコマンドで Optuna をインストールすることができます[*2]．ただし，先頭の $ はコマンドプロンプトを示す記号であり，入力の必要はありません．

リスト 2.1　Optuna のインストール

```
$ pip install optuna
```

なお，このコマンドからは最新バージョンの Optuna がインストールされますが，本書のコードは Optuna v3.0.4 を想定して書かれていますので注意してください．

[*1]　https://www.python.org/　（2023 年 1 月確認）

[*2]　本書では pip コマンドによるインストールを紹介していますが，ほかにも conda（https://docs.conda.io（2023 年 1 月確認））や Docker などの環境でもインストールすることができます．詳細については Optuna の公式リポジトリ（https://github.com/optuna/optuna/（2023 年 1 月確認））を参照してください．

2.1.3 ｜ チュートリアル用パッケージのインストール

さらに，Optuna の可視化機能や機械学習モデルを使うため，追加パッケージとして scikit-learn[*3]，pandas[*4]，Plotly[*5] を下記のコマンドでインストールします．可視化機能について詳しくは，2.3.6 項を参照してください．

リスト 2.2　チュートリアル用パッケージのインストール

```
$ pip install pandas scikit-learn plotly
```

2.2　簡単な数式の最適化

2.2.1 ｜ Optuna を動かしてみる

突然ですが，式 (2.1) に示される関数を最小化する入力 (x, y) はどのようなものでしょうか．

$$f(x, y) = (1.5 - x + xy)^2 + (2.25 - x + xy^2)^2 + (2.625 - x + xy^3)^2$$
$$(-4.5 \leq x \leq 4.5, \quad -4.5 \leq y \leq 4.5)$$

$$(2.1)$$

この関数の性質に詳しいならばともかく，多くの方にとって瞬時に答えを出すことは難しいと思います．しかし，ブラックボックス最適化を用いれば，一般に，性質を知らない関数や解析的な扱いが難しい関数についても，自動的に解の候補を探ることができます．

さっそく Optuna を使って式 (2.1) の最適解を探索してみましょう．**リスト 2.3** は式 (2.1) を Python コードとして記述したものです．

---

*3　https://scikit-learn.org/　（2023 年 1 月確認）
*4　https://pandas.pydata.org/　（2023 年 1 月確認）
*5　https://plotly.com/python/　（2023 年 1 月確認）

リスト 2.3 式 (2.1) の Python コード

```
def objective(x, y):
    return (1.5 - x + x * y) ** 2 + \
        (2.25 - x + x * y ** 2) ** 2 + \
        (2.625 - x + x * y ** 3) ** 2
```

これを次のように変更するだけで，Optuna による最適化を適用できます．

リスト 2.4 リスト 2.3 に Optuna を適用したコード（`optimize_beale.py`）

```
import optuna

def objective(trial):
    x = trial.suggest_float("x", -4.5, 4.5)
    y = trial.suggest_float("y", -4.5, 4.5)

    return (1.5 - x + x * y) ** 2 + \
        (2.25 - x + x * y ** 2) ** 2 + \
        (2.625 - x + x * y ** 3) ** 2

study = optuna.create_study(direction="minimize")
study.optimize(objective, n_trials=1000)

print(f"Best objective value: {study.best_value}")
print(f"Best parameter: {study.best_params}")
```

コードの詳細は後の項で確認することにして，まずは実行してみましょう．**リスト 2.4** のコードに名前をつけて保存し，**リスト 2.5** のように Python スクリプトとして実行します．ここではファイル名を `optimize_beale.py` としていますが，どのようなファイル名にしても問題ありません．

リスト 2.5 Python スクリプトの実行

```
$ python optimize_beale.py
```

リスト 2.6 リスト 2.5 の実行結果[*6]

```
A new study created in memory with name: no-name-546d8990-cce9-4d6e-b1ec-
fe66d9682866
Trial 0 finished with value: 87.69041562964037 and parameters: {'x':
-4.464031049356122, 'y': 0.3835398204260123}. Best is trial 0 with value:
87.69041562964037.
Trial 1 finished with value: 1.2732581901006976 and parameters: {'x':
1.5944966169315098, 'y': -0.756396630480527}. Best is trial 1 with value:
1.2732581901006976.
```

```
...（省略）
Trial 999 finished with value: 5.927878415566633 and parameters: {'x':
2.4873267240907846, 'y': 0.8345731975804156}. Best is trial 427 with value
: 1.9830303610988657e-05.
Best parameter: {'x': 3.0020262608832913, 'y': 0.5014119018209664}
```

　リスト **2.6** をみると，Optuna によって異なる (x, y) の組合せが繰り返し評価され，その中で，$(x, y) \approx (3.002, 0.501)$ が最も優れた入力であると表示されていることがわかります．式 (2.1) のグラフを**図 2.1** に示します．最適解は $(x, y) = (3, 0.5)$ であり，Optuna が発見した解[*7] と非常に近くなっています．

　ただし，Optuna のアルゴリズムにはランダム性があるため，読者が実際にコードを実行する際，上記の結果と厳密には一致しない値が提示されることがあることに注意してください．

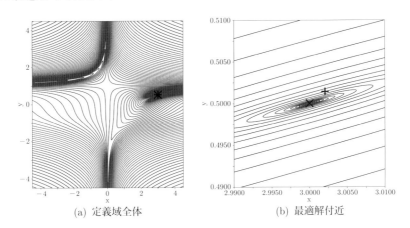

(a) 定義域全体　　　　　　　　(b) 最適解付近

図 2.1　式 (2.1) のグラフ

（×で示される最適解と，＋で示される Optuna が発見した解が，非常に近くなっている）

---

*6　紙面の都合上，ログの一部を省略しています．実際にリスト 2.5 のコマンドを実行すると，「[I 2022-**-**...」のようなタイムスタンプを含むヘッダが表示されるほか，小数の有効桁数も異なる場合があります．本書の以降の部分でも，同様にログが省略されていることに注意してください．

*7　数理最適化などの分野では，最適解に限りなく近い点のみを解と呼ぶ場合もありますが，この本では，アルゴリズムを通して見つかった点を解と呼びます．

2.2.2 | Optunaのコードの詳細

それでは，リスト2.4でOptunaを導入した手順について詳しくみていきましょう．一般に，OptunaをPythonで使用するためには次の手順が必要となります．

① Optunaをインポートする
② 目的関数を定義する
③ 最適化を実行する
④ 最適化の結果を確認する

(1) Optunaをインポートする

リスト2.4の冒頭でOptunaがインポートされています．pipコマンドでOptunaがインストールされていれば，問題なく実行できます．

リスト2.7　リスト2.4の一部（Optunaのインポート）

```
import optuna
```

(2) 目的関数を定義する

Optunaを使うためには，目的関数（1.2節参照）をPythonの関数として記述する必要があります．この関数は，Trialと呼ばれるオブジェクトを引数とし，目的関数の評価値を返り値としなければなりません．以下では，このPythonの関数のことも**目的関数**と呼びます．

リスト2.4において，実際，目的関数がどのように記述されているかをみてみましょう（**リスト2.8**）．

リスト2.8　リスト2.4の一部（目的関数の定義）

```
def objective(trial):
    x = trial.suggest_float("x", -4.5, 4.5)
    y = trial.suggest_float("y", -4.5, 4.5)

    return (1.5 - x + x * y) ** 2 + \
        (2.25 - x + x * y ** 2) ** 2 + \
        (2.625 - x + x * y ** 3) ** 2
```

注目するのは，リスト2.3とリスト2.4で，関数objectiveが下記のように異なることです．

- 引数が (x,y) から Trial オブジェクトに変更されている
- x と y の値は trial.suggest_float と呼ばれるメソッドによって決められている

　ここで, 重要な概念である Trial と Study について説明します. ブラックボックス最適化では, CHAPTER 1 で述べたとおり, 関数の評価を何度も繰り返しながら優れた入力を探索していきます. Optuna では, 目的関数の 1 回の評価を**トライアル** (trial) と呼び, トライアルを繰り返す一連の最適化プロセスを**スタディ** (study) と呼びます.

　上記の関数 objective の引数となっているのは, まさに 1 回のトライアルを表す Trial オブジェクトです. ユーザは Trial オブジェクトを介し, ブラックボックス関数の評価に使う入力値を獲得します. それがコード中で (x,y) の値を決めている trial.suggest_float メソッドです. つまり, Trial オブジェクトは suggest_ から始まるメソッドにより, 目的関数への入力を提案します. 例えば, suggest_float("x", 0, 1) は 0 から 1 の範囲で浮動小数点数の入力変数を提案し, それを x と名づけます. 以降では, これらのメソッドを総称して**サジェスト API** (suggest API) と呼びます.

リスト 2.9　リスト 2.4 とリスト 2.8 の一部 (入力変数の決定)

```
x = trial.suggest_float("x", -4.5, 4.5)
y = trial.suggest_float("y", -4.5, 4.5)
```

　サジェスト API には, suggest_float のほかにも, 整数型を提案する suggest_int やカテゴリカル型を指定する suggest_categorical があります. 浮動小数点数型の suggest_float と整数型の suggest_int では, log 引数によって対数スケールを指定することができます. また, step 引数によって離散的なステップ幅を指定することもできます.

- suggest_float(name, low, high, *[, step, log])
  浮動小数点数型の変数を [low, high] の区間で提案. step と log はオプショナル引数で, step が指定された場合には指定された幅で離散的な値を提案し, log が指定された場合には対数スケールでの提案を行う
- suggest_int(name, low, high, *[, step, log])
  整数型の変数を [low, high] の区間で提案. step と log はオプショナル

引数で，`suggest_float` の引数と同様の挙動をもつ
- `suggest_categorical(name, choices)`
  カテゴリカル型の変数を提案．引数 choices はシーケンス[*8](Sequence)
  であり，そのうち 1 つの要素が選ばれる

(3) 最適化を実行する

リスト 2.9 から続く行では，Study オブジェクトを作成し，最適化を呼び出しています．前の (2) で説明したように，一連の最適化プロセスをスタディと呼び，それに対応するオブジェクトが Study です．`optuna.create_study` が Study オブジェクトを作成する命令であり，続く行の `study.optimize` が最適化のループを呼び出す命令です．

リスト 2.10　リスト 2.4 の一部（最適化の実行）

```
study = optuna.create_study(direction="minimize")
study.optimize(objective, n_trials=1000)
```

ここで，`optuna.create_study` には `direction` という引数が渡されています．Optuna は `direction` が"maximize"の場合に目的関数を最大化しようとし，"minimize"の場合には最小化しようとします．今回は，式 (2.1) を最小化することが目的ですので，"minimize"を指定しています．

`optimize` メソッドの引数をみてみましょう．リスト 2.8 で定義した目的関数 objective と，最適化ループの回数n_trialsが渡されています．これは，Optuna が objective 関数を 1000 回実行し，その中で優れた入力を探索することを意味します．

(4) 最適化の結果を確認する

リスト 2.4 の最後では，最適化の結果を確認しています．`study.optimize` メソッドが実行されると，最適化についてのさまざまな記録が Study オブジェクトに格納されていきます．これによって，例えば，探索された中で最良の評価値は `study.best_value` で，そのときの入力値は `study.best_params` で確認でき

[*8] シーケンスは Python の型の 1 つで，リスト（`list`）やタプル（`tuple`）などの順序をもった複数の要素を表します．

ます.

リスト 2.11　リスト 2.4 の一部（結果の確認）

```
print(f"Best objective value: {study.best_value}")
print(f"Best parameter: {study.best_params}")
```

また, Study オブジェクトの trials プロパティを使うことで, 最良の試行以外の結果も取得することができます. このプロパティは FrozenTrial と呼ばれるオブジェクトのリストを返します. FrozenTrial は, 出力値 value や入力値 params に加え, 試行の開始・終了時間（datetime_start/datetime_complete）などの豊富な情報をもちます.

以上により, 式 (2.1) の関数を目的関数として最適化できました. 最適化を実行するために, ①ライブラリのインポート, ②目的関数の定義, ③最適化の実行, ④最適化結果の確認, の 4 つの手順をみてきました. 式 (2.1) に限らず, どのような問題設定であっても, 同様の手順で Optuna を適用することができます.

次節では, より実践的な例として, 機械学習モデルのハイパーパラメータを最適化してみます.

2.3　機械学習のハイパーパラメータの Optuna による最適化

2.2 節ではシンプルな目的関数を最適化しました. 本節では, より実践的な例として, 機械学習モデルのハイパーパラメータを最適化します. さらに, Optuna の可視化機能を用いて, 最適化結果を分析します.

2.3.1　｜　機械学習とハイパーパラメータ

本題に入る前に, 機械学習におけるハイパーパラメータについて簡単に説明します.

機械学習（machine learning）は, 簡単にいえば, 分類（classification）・回帰（regression）といった処理のルールをデータから自動で学習する技術をいい

(a) 何度も重複して検出されている例　　　(b) 重複なく検出されている例

図 2.2　ハイパーパラメータによる物体検出モデルの変化

ます．学習されたルールは**パラメータ**（parameter）と呼ばれる数値や状態として保持されます．ここで，パラメータは学習アルゴリズムによって自動で決定されますが，多くの機械学習モデルでは，パラメータとは別に人間が手動で決めなければならない値が存在します．これを**ハイパーパラメータ**（hyperparameter）と呼びます．

　1.1.1 項でも述べたように，機械学習モデルの性能は，ときおりハイパーパラメータに大きな影響を受けます．**図 2.2** の例をみてみましょう．物体検出モデルにおいて，あるハイパーパラメータを変更した場合の挙動の変化を示しています．(b) では，物体に対して単一の検出結果が正しく出力されていますが，(a) では1 つの物体が何度も重複して検出されています．このように，ハイパーパラメータ調整がモデルの実用性を左右することがあります．

　ハイパーパラメータ調整には次のサイクルを繰り返します．しかし，これには一般に膨大な手間と時間がかかります．

① 　ハイパーパラメータを何らかの値に設定する
② 　学習データセットでモデルを学習する
③ 　評価データセットで学習済みモデルを評価する
④ 　評価値をもとに，次に試すハイパーパラメータを決定する

　一方，Optuna によってブラックボックス最適化を適用すれば，ハイパーパラメータ調整のサイクルを自動化することができます．

2.3.2 │ 機械学習問題のサンプルコード

それでは，**リスト 2.12** の機械学習タスクを最適化してみましょう．このコードでは，Adult[*9] データセットと呼ばれるベンチマーク問題をダウンロードし，その分類ルールを学習しています．コード中に含まれるハイパーパラメータの値を探索し，よりよい分類精度を出すのが今回の目的です．

リスト 2.12　ランダムフォレストによる Adult データセットの分類

```python
import pandas as pd
from sklearn.datasets import fetch_openml
from sklearn.ensemble import RandomForestClassifier
from sklearn.model_selection import cross_val_score

# データのダウンロードと前処理
data = fetch_openml(name="adult")
X = pd.get_dummies(data["data"])
y = [1 if d == ">50K" else 0 for d in data["target"]]

# 機械学習モデルの初期化
clf = RandomForestClassifier(
    max_depth=8,  # ハイパーパラメータ
    min_samples_split=0.5,  # ハイパーパラメータ
)

# 交差検証による評価
score = cross_val_score(clf, X, y, cv=3)
accuracy = score.mean()

print(f"Accuracy: {accuracy}")
```

ここでは，scikit-learn のランダムフォレスト（`RandomForestClassifier`）と呼ばれる機械学習モデルを使っています．その引数である `max_depth` と `min_samples_split` が最適化すべきハイパーパラメータです．

単にリスト 2.12 のコードを実行すると，ハイパーパラメータを最適化しない状態での精度（accuracy）が出力されます（**リスト 2.13**）．

[*9]　Adult データセットは，機械学習の代表的なベンチマークの 1 つで，米国における成人のさまざまな属性から収入を予測するタスクです．詳しくは，UCI 機械学習リポジトリ（https://archive.ics.uci.edu/ml/datasets/adult（2023 年 1 月確認））を参照してください．

リスト 2.13　リスト 2.12 の実行結果

```
Accuracy: 0.7607182349443268
```

Optuna を導入し，精度の改善を目指します．

2.3.3 ｜ Optuna の導入

　Optuna の適用手順は 2.2 節と同様です．対象のコードに対して次の変更を加えます．リスト 2.12 のコードに Optuna を適用すると**リスト 2.14** のようになります．

① 　Optuna をインポートする
② 　目的関数を定義する
③ 　最適化を実行する
④ 　最適化の結果を確認する

　ここで，目的関数 objective に注目してみましょう．ランダムフォレストモデルを初期化してから，モデルの学習を行い，精度を評価するところまでが関数 objective として切り出されています．ハイパーパラメータの値はサジェスト API に置き換わっており，整数型である max_depth には suggest_int，浮動小数点数型である min_samples_split には suggest_float が使われています．また，目的関数の返り値がモデルの精度となります．

リスト 2.14　リスト 2.12 に Optuna を適用したコード

```
import optuna

import pandas as pd
from sklearn.datasets import fetch_openml
from sklearn.ensemble import RandomForestClassifier
from sklearn.model_selection import cross_val_score

data = fetch_openml(name="adult")
X = pd.get_dummies(data["data"])
y = [1 if d == ">50K" else 0 for d in data["target"]]

def objective(trial):
    clf = RandomForestClassifier(
        max_depth=trial.suggest_int(
            "max_depth", 2, 32,
```

```
        ),
        min_samples_split=trial.suggest_float(
            "min_samples_split", 0, 1,
        ),
    )

    score = cross_val_score(clf, X, y, cv=3)
    accuracy = score.mean()
    return accuracy

study = optuna.create_study(direction="maximize")
study.optimize(objective, n_trials=100)

print(f"Best objective value: {study.best_value}")
print(f"Best parameter: {study.best_params}")
```

　リスト 2.14 のコードを実行してみましょう．ただし，機械学習の処理を繰り返すため，objective の最適化が完了するまでに時間がかかります．筆者のラップトップでは 100 回のトライアルを終えるまでに 10 分程度かかりました．

　最適化を終えると，**リスト 2.15** のようなログが出力されます．max_depth が 22, min_samples_split が約 0.00041 のときに最良の結果となっており，その精度は約 0.86 となっています．

　この結果は，リスト 2.13 での精度（約 0.76）から改善[*10] されており，Optuna がよりよいハイパーパラメータを発見したことがわかります．

リスト 2.15　リスト 2.14 の実行結果

```
...
Best objective value: 0.8551656561330413
Best parameter: {'max_depth': 22, 'min_samples_split':
0.00041358000496581615}
```

[*10]　あくまで，交差検証（cross validation）による評価値の改善であることに注意してください．機械学習の実用上は，検証に利用するデータセットと，システムの運用時に観測されるデータの性質が異なり，検証における評価値の改善が必ずしも運用対象の改善につながらない場合もあります．

2.3.4 | ハイパーパラメータの条件分岐

これで機械学習のタスクに Optuna を導入できましたが，もう少し複雑な設定も試してみましょう．機械学習による分類にはさまざまな手法があり，必ずしもランダムフォレストが最良の精度を出すとは限りません．そこで，ランダムフォレストに加えて，勾配ブースティング（GradientBoostingClassifier）と呼ばれる手法を選択肢に加えてみます（**リスト 2.16**）．

リスト 2.16 の関数 objective に，注目します．まず，分類手法をsuggest_categorical によって決定し，その結果によってロジックを分岐させています．ランダムフォレストが選ばれた場合にはそのハイパーパラメータ rf_max_depth と rf_min_samples_split を決定していましたが，勾配ブースティングが選ばれた場合には gb_max_depth と gb_min_samples_split を決定しています．このように Optuna では，あるハイパーパラメータの値に依存し，ほかのハイパーパラメータの選択条件を切り替えることもできます．

リスト 2.16　リスト 2.14 にハイパーパラメータの条件分岐を加えたコード

```python
import optuna

import pandas as pd
from sklearn.datasets import fetch_openml
from sklearn.ensemble import GradientBoostingClassifier
from sklearn.ensemble import RandomForestClassifier
from sklearn.model_selection import cross_val_score

data = fetch_openml(name="adult")
X = pd.get_dummies(data["data"])
y = [1 if d == ">50K" else 0 for d in data["target"]]

def objective(trial):
    clf_name = trial.suggest_categorical("clf", ("RF", "GB"))

    # clf_nameの値によってハイパーパラメータを分岐させる
    if clf_name == "RF":
        clf = RandomForestClassifier(
            max_depth=trial.suggest_int(
                "rf_max_depth", 2, 32,
            ),
            min_samples_split=trial.suggest_float(
                "rf_min_samples_split", 0, 1,
            ),
        )
    else:
```

```
        clf = GradientBoostingClassifier(
            max_depth=trial.suggest_int(
                "gb_max_depth", 2, 32,
            ),
            min_samples_split=trial.suggest_float(
                "gb_min_samples_split", 0, 1,
            ),
        )

    score = cross_val_score(clf, X, y, cv=3)
    accuracy = score.mean()
    return accuracy

# study_nameとstorageを指定することでstudyを保存できる
study = optuna.create_study(
    direction="maximize",
    study_name="ch2-conditional",
    storage="sqlite:///optuna.db",
)
study.optimize(objective, n_trials=100)

print(f"Best objective value: {study.best_value}")
print(f"Best parameter: {study.best_params}")
```

　リスト 2.16 のコードを実行してみましょう．今回も 100 回のトライアルが終
わるまでに時間がかかります．筆者のラップトップでは 1 時間程度かかりました．
　最適化を終えると，最良となるハイパーパラメータが出力されます．**リスト 2.17**
によると，勾配ブースティングで max_depth を 16，min_samples_split を約
0.34 に設定した際に最良の評価値が出たようです．

リスト 2.17　リスト 2.16 の実行結果

```
...
Best objective value: 0.859916
Best parameter: {'clf': 'GB', 'gb_max_depth': 16, 'gb_min_samples_split':
0.33573}
```

2.3.5 │ Study の保存と再開

　リスト 2.16 では，create_study に新たな引数が加わっていたことに気づい
たでしょうか．Optuna では，このように Study の名前（study_name）と保存
先（storage）を指定することで，最適化の履歴を保存しておくことができます
（**リスト 2.18**）．

ハイパーパラメータを最適化する場合，実行時間が長くなる傾向があり，数時間・数日といった時間を必要とすることもあります．最適化の履歴を保存しておくことで，次のようなメリットが得られます．

- 長時間にわたる最適化の途中経過を調べることができる
- 何らかの原因で最適化が中断された場合に，途中から再開できる
- 可視化機能などを使い，最適化の傾向を後から分析できる

リスト 2.18　リスト 2.16 の一部（Study の保存）

```
# study_nameとstorageを指定することでstudyを保存できる
study = optuna.create_study(
    direction="maximize",
    storage="sqlite:///optuna.db",
    study_name="ch2-conditional",
)
```

リスト 2.18 のように，storage 引数に "sqlite:///"から始まる文字列を指定することで，履歴がファイルとして保存されます[*11]．このファイルは，リスト 2.16 のコードを実行したディレクトリを調べると見つけることができます(今回は，optuna.db という名前のファイルがつくられます)．

study_name は個々の Study の識別子です．すなわち，ストレージには複数の Study を記録できます．study_name は Study ごとに一意でなければなりませんが，今回は単一の Study しか記録しないため，特に注意する必要はありません．

また，保存された Study を読み込むには，load_study 関数を使います．**リスト 2.19** を実行することで，最適化の履歴が Study オブジェクトに読み込まれ，リスト 2.17 と同じ結果が出力されます．

リスト 2.19　保存された Study の再開

```
import optuna

study = optuna.load_study(
```

[*11] 詳細は 3.5 節で説明しますが，storage 引数に関係データベースの URL を指定することで，そのデータベースに最適化履歴を保存できるようになります．ここでは SQLite3 (https://www.sqlite.org/ (2023 年 1 月確認)) という関係データベースの機能により，ファイルをデータベースの保存先として利用しています．

```
      storage="sqlite:///optuna.db",
      study_name="ch2-conditional",
)

print(f"Best objective value: {study.best_value}")
print(f"Best parameter: {study.best_params}")
```

　なお，ストレージの仕組みについては 3.5 節で説明します．ここでは，それら
の機能を使って最適化結果を保存，途中から再開できるということを覚えておい
てください．

2.3.6 ｜ 可視化機能による分析

　ここまでの手順で Optuna による最適化は完了していますが，その結果の意味
を考えると，いくつかの疑問が浮かび上がってこないでしょうか．

- 本当に勾配ブースティングのほうが性能がよいのか．リスト 2.17 において
は，「たまたま」勾配ブースティングが最良の評価値を示しただけで，一般
には，ランダムフォレストと有意な差がないのではないか
- ハイパーパラメータと評価値の間にはどのような関係にあるのか．例えば，
`min_samples_split` は大きいほうがよいのか，小さいほうがよいのか
- どのハイパーパラメータが評価値に大きく寄与しているのか．逆に，最適
化しても意味のないハイパーパラメータが含まれていないか

これらの疑問に対する答えは，Optuna の可視化機能を使うことで，ハイパー
パラメータや最適化アルゴリズムの傾向を調べることにより，考えることができ
ます．
　なお，以下で紹介するコードは，Python のインタラクティブモードや Jupyter
Notebook[12] を使って実行することを想定しています．

---

[12] Jupyter Notebook は Web ブラウザ上で Python などを使った実験をインタラクティ
ブに実行・可視化・共有できるツールです．詳細は Jupyter プロジェクトの公式 Web サ
イト（https://jupyter.org/（2023 年 1 月確認））を参照してください．

(1) Study の読み込み

　可視化には，最適化を終えた Study オブジェクトを利用します．事前準備として，Study オブジェクトに履歴を読み込みます（**リスト 2.20**）．

　これには，2.3.5 項で説明したように，`load_study` 関数を使います．

リスト 2.20　保存された Study の再開

```
import optuna
study = optuna.load_study(
    storage="sqlite:///optuna.db",
    study_name="ch2-conditional",
)
```

(2) pandas エクスポート

　pandas はデータ解析を効率的に行うための Python ライブラリの 1 つです．これによって，DataFrame と呼ばれるオブジェクトを介して，テーブル形式のデータの操作・集計・可視化が簡単にできます．

　また，Optuna の Study オブジェクトには，最適化の履歴を pandas の Data Frame に変換する API である `trials_dataframe()` メソッドが用意されています．**リスト 2.21** ではこの API を利用しています．

リスト 2.21　pandas エクスポートの実行

```
df = study.trials_dataframe()
print(df)
```

　リスト 2.22 はリスト 2.21 の実行結果です．最適化の履歴がテーブル形式に並んでおり，各行が 1 個のトライアルを示しています．列には目的関数の評価値（value）などの情報が並んでいます．params_ で始まる列は，そのトライアルで使われたハイパーパラメータの値を示しています．ただし，該当のハイパーパラメータについてサジェスト API が呼ばれなかった場合には，NaN が出力されます．この例においては，勾配ブースティングが選ばれた場合に，`params_rf_max_depth` や `params_rf_min_samples_split` の値は NaN として出力されることに注意してください．

リスト 2.22　リスト 2.21 の実行結果

```
      number      value  ... params_rf_min_samples_split       state
0          0   0.859568  ...                         NaN    COMPLETE
1          1   0.858216  ...                         NaN    COMPLETE
2          2   0.858974  ...                         NaN    COMPLETE
3          3   0.760718  ...                    0.753525    COMPLETE
4          4   0.846874  ...                         NaN    COMPLETE
..       ...        ...  ...                         ...         ...
95        95   0.859097  ...                         NaN    COMPLETE
96        96   0.858851  ...                         NaN    COMPLETE
97        97   0.859035  ...                         NaN    COMPLETE
98        98   0.859158  ...                         NaN    COMPLETE
99        99   0.857868  ...                         NaN    COMPLETE

[100 rows x 11 columns]
```

　ここで，state の列に注目してみましょう．この列はトライアルの状態（Trial State）を示しています．個々のトライアルは次の RUNNING／COMPLETE／FAIL／PRUNED／WAITING のうち，いずれかの状態をもちます．

- RUNNING
  目的関数が評価中であること示します
- COMPLETE
  目的関数の評価が異常なく終了し，評価値が記録されていることを示します
- FAIL
  目的関数の評価中に何らかの異常が発生し，評価値が得られなかったことを示します
- PRUNED
  枝刈りのために，目的関数の評価が途中で終了したことを示します（枝刈りについては 3.7 節参照）
- WAITING
  enqueue_trial と呼ばれるメソッドで追加されたトライアルが実行待ちであることを示します（enqueue_trial については 3.4 節参照）

　リスト 2.22 では，すべてのトライアルが COMPLETE 状態となっており，それぞれ異常なく目的関数の評価が終了しています．

　ここで，pandas エクスポート機能を使って，最適化結果を簡単に分析してみま

しょう. **リスト 2.23** では，結果を value の降順にソートし，上位のトライアルについて特定のハイパーパラメータの値だけを表示しています.

リスト 2.23　pandas による履歴の操作

```
df = df.sort_values("value", ascending=False)
print(df[["value", "params_clf"]].head())
```

リスト 2.24 にリスト 2.23 の実行結果を示します. params_clf はランダムフォレスト（RF）を使ったか，勾配ブースティング（GB）を使ったかを示すハイパーパラメータです. 評価値が上位のトライアルでは，軒並み勾配ブースティングが使われていることがわかります.

リスト 2.24　リスト 2.23 の実行結果

```
       value params_clf
92  0.859916         GB
87  0.859690         GB
77  0.859690         GB
42  0.859609         GB
33  0.859609         GB
```

(3)　ハイパーパラメータ重要度

上記の分析により，この実験では勾配ブースティングのほうが優れた結果を出す傾向にあると確認できました. 一方，勾配ブースティングには max_depth と min_samples_split という 2 種類のハイパーパラメータがありましたが，どちらが評価値を左右していたのでしょうか. ここで，個々のハイパーパラメータを比較して，重要度を測る指標を**ハイパーパラメータ重要度**（hyperparameter importance）といいます.

Optuna にはハイパーパラメータ重要度を数値化し，可視化する機能があります. この機能を使うことにより，評価値に特に寄与しているハイパーパラメータや，逆にまったく影響しないハイパーパラメータを特定することができます.

これには，**リスト 2.25** のように，plot_param_importances 関数を実行します. ここで，引数には最適化済みの Study と，可視化したいハイパーパラメータ名のリストを渡します.

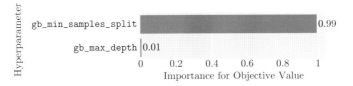

図 2.3　最適化結果のハイパーパラメータ重要度

リスト 2.25　ハイパーパラメータ重要度の可視化

```
optuna.visualization.plot_param_importances(
    study=study,
    params=["gb_max_depth", "gb_min_samples_split"]
).show()
```

リスト 2.25 を実行すると，**図 2.3** のように棒グラフが出力されます．今回のタスクにおいては，`gb_min_samples_split` の重要度が非常に大きく，評価値の決め手になっていたことがわかります．

また，グラフではなく，数値としてハイパーパラメータ重要度を出力したい場合には**リスト 2.26** のように `get_param_importances` 関数を使います．これによって，ハイパーパラメータをキー，その重要度を値とした辞書が返されます．

リスト 2.26　ハイパーパラメータ重要度の辞書形式での出力

```
importances = optuna.importance.get_param_importances(
    study=study,
    params=["gb_max_depth", "gb_min_samples_split"]
)
for key, value in importances.items():
    print(f"{key}: {value}")
```

なお，Optuna ではハイパーパラメータ重要度の評価に fANOVA[18] と呼ばれるアルゴリズムが利用されています．

(4)　等高線プロット

さらに，**等高線プロット**（contour plot）という機能を用いることにより，ハイパーパラメータと評価値の関係をより詳細に可視化できます．**リスト 2.27** のように `plot_contour` 関数を呼び出してみましょう．

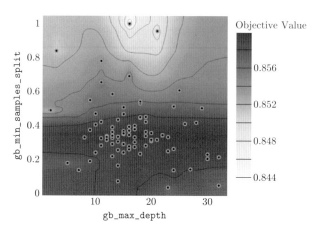

図 2.4　最適化結果の等高線プロット

リスト 2.27　等高線の可視化

```
optuna.visualization.plot_contour(
    study=study,
    params=["gb_max_depth", "gb_min_samples_split"]
).show()
```

　これによって, **図 2.4** のように横軸を gb_max_depth, 縦軸を gb_min_samples_split とした等高線プロットが出力されます. 背景色の濃淡が評価値を表し, 色が濃いほどよい評価値であったことを意味します. また, 黒のマーカは各トライアルでのハイパーパラメータの値を示します.

　ここで, ハイパーパラメータ重要度のプロット（図 2.3）でも示されていたように, 評価値は gb_min_samples_split に依存していることがわかります. 特にその値が小さい場合に, よい結果につながっていたようです.

　本節では機械学習モデルのハイパーパラメータを最適化しました. これに Optuna を適用するために, 機械学習モデルの初期化から評価値の計算までを目的関数として切り出し, ハイパーパラメータをサジェスト API で置き換えました. また, 特定のハイパーパラメータによる条件分岐を行い, トライアルごとに異なる機械学習手法やハイパーパラメータの種類を適用する方法も示しました.

　さらに, Optuna の可視化機能についても紹介しました. pandas エクスポートによって最適化結果を簡単に操作・集計でき, ハイパーパラメータ重要度や等高線のプロットによって, ハイパーパラメータと評価値の傾向を分析できることを

示しました．本節で紹介した機能以外にも，Optuna はいくつかの可視化機能を提供しています．詳しくは 3.3 節を参照してください．

## CHAPTER 3

Optuna を使いこなす

本章では，Optuna の多種多様な機能について説明します．多目的最適化や制約付き最適化，可視化，人間による探索点の指定，分散並列最適化，探索点選択手法の切替，枝刈りといった発展的な機能をうまく活用することで，より効果的かつ効率的なブラックボックス最適化を行うことができます．

3.1 多目的最適化

　これまで，本書では目的関数の評価値が 1 次元，すなわち，ある 1 つの指標を用いて最適化を行う方法をみてきました．このような最適化は**単目的最適化**（single-objective optimization）と呼ばれます．ただ，現実には複数の指標を同時に扱いたくなることもあります．

　パソコンの購入を例として考えてみましょう．この場合「価格が安い」というのはとても大事な指標となります．ただ，それだけを追求してしまうと性能が低くて使い物にならないパソコンを購入してしまう可能性があります．反対に，性能だけを求めると，必要以上に高価な機種に手を出すことになってしまいます．このような場合に多くの人々が実際に行っていることは，いろいろなパソコンの価格と性能のバランスを調べて，トレードオフを考慮したうえで，自分の用途に最も適した機種を選択することだと思います．これは「価格」と「性能」の 2 つの指標での最適化を人間が行っている，ともいえます．

　このような，指標が複数ある最適化のことを**多目的最適化**（multi-objective optimization）と呼びます．Optuna は多目的最適化を標準でサポートしており，単目的の場合と同じような使用感で扱えるようになっています．

3.1.1 ｜ 多目的最適化の実行方法

　まずは，実際に多目的最適化を実行してみましょう．次の 2 つの関数 f_1，f_2 の両方を最小化するパラメータ x，y を探してみます[*1]．

$$\begin{cases} f_1(x, y) = 4x^2 + 4y^2 \\ f_2(x, y) = (x - 5)^2 + (y - 5)^2 \end{cases} \tag{3.1}$$

$$(0 \leq x \leq 5,\ 0 \leq y \leq 3)$$

　式 (3.1) の最適化を行うコードは**リスト 3.1** のようになります．

---

*1　これは Binh and Korn と呼ばれる多目的最適化用のベンチマーク関数の 1 つです．

リスト 3.1　式 (3.1) の多目的最適化を行うコード

```python
import optuna

def f1(x, y):
    return 4 * x**2 + 4 * y**2

def f2(x, y):
    return (x - 5)**2 + (y - 5)**2

def objective(trial):
    x = trial.suggest_float("x", 0, 5)
    y = trial.suggest_float("y", 0, 3)

    v1 = f1(x, y)
    v2 = f2(x, y)

    # 単目的最適化からの変更点1: 目的関数が複数の値を返す
    return v1, v2

study = optuna.create_study(
    # 単目的最適化からの変更点2: 目的ごとに最適化の方向を指定
    directions = ["minimize", "minimize"]
)

study.optimize(objective, n_trials=100)
```

　リスト 3.1 をみると，目的数の増加にともない，目的関数の評価値の返し方と create_study 関数に渡す引数が少し変わりますが，それ以外は，単目的の場合と同様の方法で記述できていることがわかるかと思います.

　リスト 3.1 の最適化の結果を表示するコードは**リスト 3.2** のようになります. 注意が必要なのは，多目的最適化では複数の目的間でトレードオフが発生することがある点です. 式 (3.1) でも，f_1 にとって最適なパラメータは，f_2 にとっては必ずしもそうではなく，逆もまた同様です. そのため，単目的の場合とは異なり，最良のトライアルが一意には定まらず，**リスト 3.3** では複数個のトライアルが"Best Trials" として表示されています.

リスト 3.2　式 (3.1) の多目的最適化結果の表示コード

```python
print("[Best Trials]")

# 変更点3: Study.best_trialのかわりにStudy.best_trialsを使用
for t in study.best_trials:
    # 変更点4: FrozenTrial.valueのかわりにFrozenTrial.valuesを使用
    print(f"- [{t.number}] params={t.params}, values={t.values}")
```

リスト 3.3　リスト 3.2 の実行結果

```
[Best Trials]
 - [5] params={'x': 2.3331978483436377, 'y': 1.9017451547782322}, values
=[36.24178733295145, 16.711016802019167]
 - [9] params={'x': 3.3271360854535614, 'y': 2.988567590770632}, values
=[80.00548310292731, 6.844334013489894]
 - [10] params={'x': 0.7558490233687681, 'y': 1.685003576338576}, values
=[13.642179193605248, 29.00201880132787]
 ... （省略） ...
 - [92] params={'x': 3.068878624360099, 'y': 2.543536683557389}, values
=[63.550379486625815, 9.763441792481576]
 - [94] params={'x': 1.5021760727629552, 'y': 0.7421032039821398}, values
=[11.22900047576837, 30.36445735149114]
 - [98] params={'x': 2.0027259524634085, 'y': 1.5045111177327763}, values
=[25.09785977620798, 21.202094242090148]
```

このように，Optuna では簡単に多目的最適化が実施できます．また，本書で取り上げている Optuna のさまざまな機能は，ほぼすべてが単目的最適化と多目的最適化のどちらでも利用可能です[*2]．

以降では，多目的最適化を行う際に助けとなる機能をいくつか紹介していきます．

3.1.2 ｜ パレートフロントと可視化

Optuna には，多目的最適化の結果を可視化するための plot_pareto_front という関数が存在します．この可視化関数を試すために，まずはリスト 3.1 の最適化を，トライアル数 1000 にして実行してみましょう（**リスト 3.4**）．

リスト 3.4　可視化のためにトライアル数を 1000 にして最適化を実行

```
study = optuna.create_study(directions = ["minimize", "minimize"])
study.optimize(objective, n_trials=1000)
```

最適化が終わったら可視化関数を呼び出します（**リスト 3.5**）．plot_pareto_front 関数には include_dominated_trials という引数があり，すべてのトライアルをプロットするのか，それとも Study.best_trials が返すトライアルだけにするのか，を切り替えることができます．両方のパターンでプロットしてみ

[*2]　例外として，本書の執筆時点では，3.7 節で紹介する枝刈りと多目的最適化は併用できません．

ます.

リスト 3.5　多目的最適化用の可視化関数の呼出し

```
# すべてのトライアルをプロット（デフォルト挙動）
optuna.visualization.plot_pareto_front(
    study,
    include_dominated_trials=True
).show()

# Study.best_trials だけをプロット
optuna.visualization.plot_pareto_front(
    study,
    include_dominated_trials=False
).show()
```

図 3.1 は `plot_pareto_front` 関数による可視化の結果です. これは横軸に 1 番目の目的（f_1 関数）の評価値, 縦軸に 2 番目の目的（f_2 関数）の評価値をとる散布図です. 各点は各トライアルを表し, 色が濃くなるほど最適化の後半で実行されていることを示します. (a) が評価済みのすべてのトライアルを含んでいるのに対して, (b) はそのサブセットとなる Study.best_trials が返すトライアルのみを含んでいます. (b) のトライアル群は, 多目的最適化の分野では**パレートフロント**（Pareto front）とも呼ばれ, この可視化関数の名前の由来となっています. この図からは, 関数 f_1 と f_2 が, 片方を小さくしたらもう片方が大きくなってしまう, というきれいなトレードオフの関係にあることが見てとれます.

パレートフロントについての理解を深めるために, 図 3.1 を単純化した**図 3.2** をみてみましょう.

図 3.2 には, ①から④までの番号を振った点（トライアル）が存在します. こ

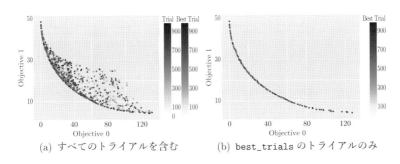

(a) すべてのトライアルを含む　　(b) `best_trials` のトライアルのみ

図 3.1　リスト 3.5 の実行結果

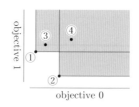

図 3.2　パレートフロントのイメージ

の中の④は，ほかのすべてのトライアルに，2 つの目的のどちらでも劣っていま
す[*3]．③は，④よりは優れていますが，①には劣っています．対して，①と②は
お互いに，2 つの目的の 1 つでは劣っているが，もう片方では優れているという
関係にあり，一概に優劣をつけることはできません．この①と②のような「ほか
のトライアルに対して，何らかの点で優れているトライアル」を集めたものがパ
レートフロントです．一般に，多目的最適化アルゴリズムは，パレートフロント
がカバーする領域を広げていくことを目指します．

3.1.3 │ パレートフロント以外の可視化

Optuna はさまざまな可視化関数を提供していますが，現在のところ，多目的
最適化を直接サポートしているのは上記の plot_pareto_front 関数のみとなっ
ています[*4]．それ以外の可視化関数は目的数が 1 であることを想定しており，多
目的最適化の結果をそのまま可視化することはできません．ただし，可視化の対
象となる評価値は target という引数により変更可能で，この引数を指定すれば，
単目的最適化用の可視化関数でも多目的最適化で利用できます．

試しに，plot_slice という可視化関数を使って，リスト 3.4 の結果を可視化
してみましょう（**リスト 3.6**）．plot_slice は，パラメータの値を横軸，目的関
数の評価値を縦軸とした散布図を，パラメータごとに生成する可視化関数です．

[*3]　多目的最適化の分野では，あるトライアル A に対してどの目的でも優れておらず，か
　　つ，1 つ以上の目的で劣っているトライアル B のことを，A によって**優越**されている
　　（dominated）と表現します．

[*4]　plot_pareto_front 関数の場合でも，目的の数は 2 ないし 3 である必要があります．

リスト 3.6 多目的最適化の結果を plot_slice 関数で可視化

```python
# f1関数の結果を使って可視化
optuna.visualization.plot_slice(
    study,
    target=lambda t: t.values[0]
    target_name="Objective value 0,"
).show()

# f2関数の結果を使って可視化
optuna.visualization.plot_slice(
    study,
    target=lambda t: t.values[1]
    target_name="Objective value 1,"
).show()
```

図 3.3 と**図 3.4** は，それぞれ f_1 関数と f_2 関数の評価値を用いた場合の可視化結果です．これらの図からは，f_1 関数の場合には，パラメータ x とパラメータ y ともに下端に近づくにつれて最適化結果がよくなっているのに対して，f_2 関数ではその反対の傾向があることが容易に見てとれます．

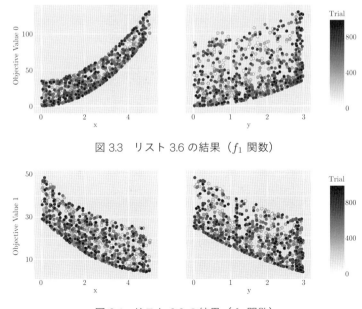

図 3.3 リスト 3.6 の結果（f_1 関数）

図 3.4 リスト 3.6 の結果（f_2 関数）

このように，単目的向けの可視化関数であっても，多目的最適化の結果に適用して有益な分析を行うことが可能です．

3.1.4 | 利用可能な多目的最適化アルゴリズム

目的関数の中でサジェスト API を呼び出すと，Optuna が次に評価すべきパラメータを提案してくれます．提案されるすべてのパラメータを含んだ集合のことを**探索空間**（search space）といいます．各トライアルでは，探索空間内の 1 点が選択されてサジェスト API の結果として返されますが，この処理のことを**探索点選択**（sampling）と呼びます．Optuna では，探索点選択を行うアルゴリズムは**サンプラー**（Sampler）というクラスによって実装されています．

これまでは暗黙的にデフォルトのサンプラーを使ってきましたが，**リスト 3.7** のように create_study 関数および load_study 関数の sampler 引数を指定することで，最適化で使用するサンプラーを変更できます．

リスト 3.7　最適化で使用するサンプラーの指定方法

```
# 新しいスタディでNSGAIISamplerを使用する
study = optuna.create_study(
    sampler = optuna.samplers.NSGAIISampler()
    ...(ほかの引数は省略)...
)

# ロードしたスタディでRandomSamplerを使用する
study = optuna.load_study(
    sampler = optuna.samplers.RandomSampler()
    ...(ほかの引数は省略)...
)
```

Optuna が提供している，多目的最適化で利用可能なサンプラーを**表 3.1** にまとめます[*5]．

多目的最適化では NSGA-II [6] という進化計算アルゴリズムを実装した NSGAIISampler がデフォルトで使用されます．NSGA-II は "Non-dominated Sorting Genetic Algorithm-II" の略で，多目的最適化の分野で多くの実績があるアルゴリズムです．探索点選択に要する時間が短く，3.2 節で取り上げる制約

[*5]　3.6 節には単目的最適化用のサンプラーも含んだ，より詳細な表があります．

表 3.1　多目的最適化対応のサンプラー

サンプラー	アルゴリズム	動作速度
NSGAIISampler（多目的最適化のデフォルト）	進化計算	速い
TPESampler（単目的最適化のデフォルト）	ベイズ最適化	中程度
BoTorchSampler	ベイズ最適化	遅い
RandomSampler	ランダムサーチ	速い
QMCSampler	準モンテカルロ法	速い
GridSampler	グリッドサーチ	速い

付き最適化にも対応しているため，幅広いユースケースに対応可能なサンプラーです．

どのサンプラーを使用するか，は最適化結果に大きな影響を与えます．例えば，進化計算アルゴリズムには，少ないトライアル数では良好な最適化結果が得られにくい，という傾向があります*6．そのため，目的関数の実行に時間がかかる等の理由で，トライアル数を増やせない場合には，比較的少数のトライアルでも優れた結果が得やすい，ベイズ最適化にもとづく TPESampler や BoTorchSampler のほうが適している可能性があります．

サンプラーやそのアルゴリズムについては 3.6 節や CHAPTER 6 で詳しく取り上げています．

3.1.5 ｜ 多目的最適化の使いどころ

Optuna で多目的最適化を実行する方法について紹介してきましたが，最後に「どういった場面で多目的最適化を活用すべきか」について少し考えてみます．

通常，最適化の目的数が増えると，よい結果を得るために必要となるトライアル数も増加する傾向があります．また，目的が複数ある場合でも，多目的最適化以外の選択肢がないわけではありません．例えば，複数目的の線形加重和をとって単目的に落とし込む**スカラー化**（scalarization）と呼ばれる手法[44] が使えるかもしれません．あるいは，3.2 節で紹介する制約付き最適化を利用して，最適化対象の目的は 1 つにしぼり，それ以外は制約として表現することができる場合も

---

*6　NSGAIISampler のコンストラクタには population_size という引数があり，トライアル数が少ない場合には，この値を小さめに設定することである程度は調整が可能です．

あります．最適化対象のタスクに対して十分な理解があり，こういった単目的最適化に変換する方法が適用可能な場合は，多目的最適化よりもそちらを採用したほうが最適化効率の面では有利です．

では，多目的最適化が活躍するのはどのような場面なのでしょうか？

多目的最適化の最大の特徴は「Optuna は複数の目的間のトレードオフ（パレートフロント）の探索までを行い，最終的に使用するパラメータの選択は人間に委ねられている」というところにあります．

本節冒頭のパソコンの例に戻ると，もともとパソコンに詳しい人は，だいたいどの程度の金額でどの程度のスペックの機種が買えるのかについての勘所があると思います．その場合は，例えば「価格は 10 万円以内で，一番 CPU 性能がよいものがほしい」といったような制約付き最適化の問題に落とし込むことも容易でしょう．一方，そういった事前知識がまったくない人の場合はどうでしょうか？妥当な価格帯がわからないのに，予算だけ固定してしまうと，必要以上に高スペックだったり，反対に低スペックすぎる機種を購入してしまうことになるリスクがあります．このような場面では，多目的最適化を使って「さまざまなトレードオフのある候補一覧」を提示してもらい，全体の傾向をつかんだうえで，その中から自分のニーズに最も合うものを選択するほうがよい結果につながることが多いでしょう．

この，複数目的間のトレードオフ特性を把握する助けになる，というのは多目的最適化の利点の 1 つです．そのため複数の目的がある場合，最初は素直に多目的最適化を行い，十分な知見がたまった後に，必要に応じて目的数を下げるような手法を試すのがよいでしょう．

注意すべき点としては，Optuna が提供している多目的最適化アルゴリズムは，いずれも基本的には目的数が 3 以下であることを想定しています[*7]．それより多い場合でも動作はしますが，最適化性能という観点では，あまり目的数を多くしすぎないほうが良好な結果が得られます．

多目的最適化の現実的な適用例としては，4.6 節で深層学習モデルのアーキテクチャ探索の事例（推論精度向上と推論時間短縮の 2 つを目的とした多目的最適化）を紹介しています．

[*7]　適したアルゴリズムが変わるので，目的数が 4 以上の場合は**多数目的最適化**（many-objective optimization）と呼んで区別することもあります．

3.2　制約付き最適化

本節では，Optuna を使って**制約付き最適化**（constrained optimization）を実行する方法を紹介します．

制約付き最適化のモチベーションをイメージするために，まずは**図 3.5** をみてみてください．

これは 3.1 節で取り上げた，パソコン購入の際における多目的最適化の例を図示したものです．図中の各点は個々の機種を，縦軸と横軸はそれぞれ各機種の性能と価格を示しています．パソコンの性能は高ければ高いほど，また価格は安ければ安いほど望ましいものとして，それぞれの最大化と最小化を目指した多目的最適化を行いたいものとします．

性能と価格での最適化を素直に実現しようとすると，図中のすべての点（つまりすべての機種）が探索対象に含まれることになります．ただし，現実には，予算に応じて希望価格帯（図中の四角で囲まれた部分）が事前に決まっていることも多いでしょう．その場合，希望価格帯から外れた機種を探索しても単に時間の無駄となってしまいます．ブラックボックス最適化アルゴリズムはそういった人間の暗黙の想定は知らないため，例えば予算を超えた高価格帯にコストパフォーマンスがとても優れた機種を発見したら，以後は，その周辺を優先して探索してしまう可能性もあります．

このような場合に，探索空間全体を広く探索するのではなく，実際に興味のある部分（図中の四角の範囲）をアルゴリズムに伝えて，そこを重点的に探索できれば，最適化効率の大幅な向上がねらえます．これを実現するのが制約付き最適

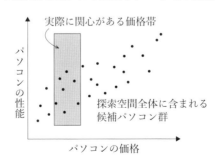

図 3.5　制約付き最適化のモチベーション

化です.

3.2.1 │ 制約付き最適化の実行

それでは実際に Optuna で制約付き最適化を実行してみましょう. ここでは,
式 (3.2) で定義され ZDT1 と呼ばれる, 多目的最適化用のベンチマーク関数 f_1 お
よび f_2 を最小化する問題を考えます.

$$
\begin{cases}
f_1(x) = x^{(0)} \\
f_2(x) = g(x)\,h(x) \\
g(x) = 1 + \dfrac{9}{|x|-1} \displaystyle\sum_{n=1} x^{(n)} \\
h(x) = 1 - \sqrt{\dfrac{x^{(0)}}{g(x)}} \\
x = (x^{(0)}, \ldots, x^{(29)})
\end{cases}
\tag{3.2}
$$

$$
(0 \le x^{(i)} \le 1, \ \ i = 0, \ldots, 29)
$$

制約を設けずに式 (3.2) を最適化するコードは**リスト 3.8** のようになります.

リスト 3.8　制約なしでの式 (3.2) の最適化コード

```python
import math
import optuna

def f1(X):
    return X[0]

def f2(X):
    g = 1 + 9 * sum(X[1:]) / (len(X) - 1)
    h = 1 - math.sqrt(X[0] / g)
    return g * h

def objective(trial):
    X = [trial.suggest_float(f"x{i}", 0, 1) for i in range(30)]
    v1 = f1(X)
    v2 = f2(X)
    return v1, v2

sampler = optuna.samplers.NSGAIISampler(
    crossover=optuna.samplers.nsgaii.UNDXCrossover()
)
```

```
study = optuna.create_study(
    directions=["minimize", "minimize"],
    sampler=sampler
)

study.optimize(objective, n_trials=1000)
```

このリスト 3.8 に「f_1 の値は 0.5 以下であるべき」という制約を設けてみましょう．制約付き最適化を行うためには，目的関数の定義とサンプラーの初期化部分のコードの修正が必要です．具体的な変更点は**リスト 3.9** のようになります．

リスト 3.9　制約付きでの式 (3.2) の最適化コード（リスト 3.8 からの差分）

```
def objective(trial):
    X = [trial.suggest_float(f"x{i}", 0, 1) for i in range(30)]
    v1 = f1(X)
    v2 = f2(X)

    # [変更点1]
    # 「f1の値が0.5以下」という制約を違反しているかどうかを，
    # トライアルのユーザ属性に格納
    trial.set_user_attr("constraints", [v1 - 0.5])

    return v1, v2

sampler = optuna.samplers.NSGAIISampler(
    crossover=optuna.samplers.nsgaii.UNDXCrossover(),

    # [変更点2]
    # サンプラーに制約情報を伝える関数を指定
    constraints_func=lambda trial: trial.user_attrs["constraints"]
)
```

Optuna では `Trial.set_user_attr` というメソッドを使うことで，トライアルに任意の情報を，ユーザ属性として格納することができます[*8]．また，トライアルのユーザ属性は `Trial.user_attrs` プロパティを使って取得できます．

リスト 3.9 では constraints という名前のユーザ属性に，トライアルが制約を違反しているかどうか，をサンプラーが判断するために必要な情報を保存して

[*8] ユーザ属性とは別に，システム属性というものも存在し，`Trial.set_system_attr` メソッドと `Trial.system_attrs` プロパティで操作できます．ただし，システム属性は Optuna が内部的に利用するためのものであり，ユーザが直接触ることは想定されていません．

います．Optuna は複数個の制約を同時に扱うことができるので，`constraints`属性の値にはリストを指定しています．リストの中に，値が 0 より大きい要素が含まれている場合には，サンプラーはそのトライアルが制約を違反していると判断します．また，その値が大きいほど違反度合いも大きいと判断します．

今回は「f_1 の値は 0.5 以下」という制約を設けたいので，f_1 の結果から 0.5 を引いた値をユーザ属性に保存したうえで(変更点 1)，その情報を `NSGAIISampler`の `constraints_func` という引数経由でサンプラーに伝えています(変更点 2)．

図 **3.6** は，リスト 3.8 とリスト 3.9 の最適化結果を，`plot_pareto_front` 関数を使って可視化したものです．図の横軸が f_1 の値，縦軸が f_2 の値に対応しています．各図の右半分は制約を満たしておらず，この領域に存在するトライアルは色が薄く表示されています[*9]．

(a) と (b) を見比べると，制約付きの (b) のほうでは，f_1 の値が 0.5 よりも大きくなる右半分の領域での探索は少なくなっており，左半分が重点的に探索されていることがわかります．なお，Optuna が提供する制約付き最適化は，**ソフト制約**（soft constraint）と呼ばれるクラスに属するものとなります．ソフト制約では，頻度は下がりますが，制約を違反する領域でも探索が行われます．

今回使用した `NSGAIISampler` 以外では，`TPESampler` と `BoTorchSampler` が制約付き最適化に対応しており，同様のインタフェースで制約を付与することが可能です．

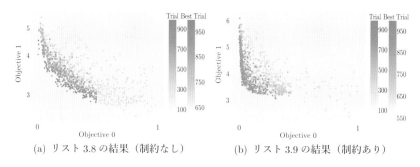

(a) リスト 3.8 の結果（制約なし）　　　(b) リスト 3.9 の結果（制約あり）

図 3.6　式 (3.2) の最適化結果

[*9]　このような色の塗り分けは `plot_pareto_front` 関数の `constraints_func` という引数に制約を指定することで行えます．

3.2.2 │ 制約付き最適化以外での探索領域のしぼり込み方法

本節の最後に，制約付き最適化の代替案を 2 つ紹介したうえで，どういった場合に制約付き最適化を選ぶのがよいのかについて少し考えてみます．

1 つ目の方法は，そもそもの探索空間を狭めてしまうことです．

すでにお気づきかもしれませんが，式 (3.2) の関数 f_1 は，単に $x[0]$ の値をそのまま返しているだけです．そのため，f_1 の値を 0.5 以下にしたいのであれば，**リスト 3.10** のように suggest_float メソッドの呼出し方を変えてしまうのが，無駄な探索を減らすための最も効率のよい方法となります．

リスト 3.10　リスト 3.8 の探索空間を狭める

```
def objective(trial):
    # 探索空間を狭めて，f1の評価値が必ず0.5以下になるようにする
    X = [trial.suggest_float("x0", 0, 0.5)]

    # それ以外の部分はこれまでと同様
    X += [trial.suggest_float(f"x{i}", 0, 1) for i in range(1, 30)]
    v1 = f1(X)
    v2 = f2(X)
    return v1, v2
```

今回最適化を行った ZDT1 関数は極端な例で，実際にはパラメータの値と目的関数の評価値がそのまま一致することはまずないでしょう．ただし，最適化対象タスクの特性を考慮して探索空間を調整することは，現実的にもとても有効な手段であるため，最初に検討してみる価値があります．探索空間の調整については 3.3 節で詳しく扱っています．

2 つ目の方法は，3.7 節で紹介する，Optuna の**枝刈り**（pruning）という機能を活用することです．

枝刈り機能を使えば，**リスト 3.11** のように，制約が満たされないことが判明した時点で，トライアルの実行を終了できます．

リスト 3.11　枝刈りを使った方法

```
def objective(trial):
    X = [trial.suggest_float(f"x{i}", 0, 1) for i in range(30)]
    v1 = f1(X)

    # 制約が満たされない場合，トライアルを枝刈りする
    if v1 > 0.5:
```

```
        raise optuna.TrialPruned(f"Too large value: {v1}")

    v2 = f2(X)

    # 多目的最適化と枝刈りは併用できないので，単目的最適化として扱う
    return v2
```

リスト 3.11 では，f_1 関数を呼び出した直後にその結果をチェックし，値が 0.5 よりも大きい場合には，トライアルが枝刈りされたことを示す TrialPruend という例外を送出しています．また，本書執筆時点では多目的最適化と枝刈りは併用できないため「f_1 関数の結果は 0.5 以下になるという制約を満たしたうえで，f_2 関数の結果を最小化する」という単目的最適化に変換しています．

この方法のよい点は，制約付き最適化とは異なり，枝刈りはサンプラー依存の機能ではないことです．そのため，単目的最適化であれば，任意のサンプラーと組み合わせることが可能です．ただし，制約違反時にサンプラーに渡る情報は，制約付き最適化機能を使った場合に比べて少ないため，最適化性能の面では不利になります．

まとめると，探索範囲に制約を課して最適化を効率化したい場合，適用可能な場面は限られますが，探索空間自体を狭めてしまうのが最も効果的です．もし使用しているサンプラーが制約付き最適化に対応しているなら，それを次に検討するとよいでしょう．また，単目的最適化の場合には，枝刈りを使って制約を表現するという方法も試すことができます．

3.3　可視化機能を用いた探索空間の調整

前節の最後では，探索空間自体を調整することの重要性に触れました．本節では実際に，Optuna の**可視化**（visualization）機能を活用して探索空間をより効率的なものにしていくプロセスの一例を紹介します．

3.3.1 │ モチベーション：不慣れなドメインへの Optuna の導入

ここでは「不慣れなドメインにブラックボックス最適化を導入する」というユースケースを想定して話を進めていきます．

日ごろから手動でパラメータ調整を行っているドメインであれば，どのような探索空間を定義するのがよいのかの勘も働きやすく，Optuna を導入するのはそれほど難しくはないでしょう．一方で，不慣れなドメインの場合には，そもそもどのパラメータを最適化の対象にすべきか，すら事前にはわからないかもしれません．設定可能なパラメータが数個しかないのであれば，ドキュメントやソースコードを読んで，それらの役割を把握することもできます．しかし，パラメータが数十個以上もあるライブラリやシステムは珍しくありません．その中から，重要で調整が必要なパラメータがどれで，どういった範囲を探索するのが適切なのか，を特定するのは簡単な作業とはいえません．

手動調整が困難な，不慣れなドメインでこそ，ツールの力を借りて自動でパラメータの最適化を行えるとうれしいにもかかわらず，Optuna を実行するために必要となる探索空間をどう定義すればよいかがわからない，という問題があるわけです．

このような状況では，Optuna の可視化機能を，効率的な探索空間を探るために活用することができます．本節では，LightGBM[*10] という機械学習ライブラリのハイパーパラメータ最適化を題材として，事前のドメイン知識を仮定せずに，Optuna の可視化機能だけを使って探索空間を改善していく例を示します．

3.3.2 │ 対象タスク：LightGBM を用いた樹木の種類判定

LightGBM はテーブルデータ向けの機械学習ライブラリです．今回は，このライブラリを使って Covertype[*11] データセットを学習します．

Covertype は，米国のコロラド州にあるルーズベルト国有林（The Roosevelt National Forest）に生息する樹木の観測結果を集めたデータセットです．データセットには各樹木の種類と，その樹木が生息している場所の特徴（標高や傾斜，土の性質など）が格納されています．このデータセットを LightGBM で学習することで，場所の特徴から，そこに生息しているであろう樹木の種類を推論する機械学習モデルが得られます．LightGBM でモデルを学習する際には，たくさんのハイパーパラメータが指定可能なため，それらを Optuna を使って最適化し，モ

[*10] `https://lightgbm.readthedocs.io/` （2023 年 1 月確認）

[*11] `https://archive.ics.uci.edu/ml/datasets/covertype` （2023 年 1 月確認）

デルの推論精度の向上を試みます.

これ以降のコードを実際に動かす場合には, 必要なライブラリを**リスト 3.12** の
コマンドでインストールしておく必要があります[*12].

リスト 3.12　使用ライブラリのインストール方法

```
$ pip install lightgbm pandas numpy scikit-learn
```

3.3.3 │ ステップ 1：Optuna 導入前の学習コード

まずは, デフォルトのハイパーパラメータを使った学習コードを用意します(**リ
スト 3.13**).

リスト 3.13　LightGBM を使った学習コード

```python
import lightgbm as lgb
import numpy as np
import sklearn.datasets
import sklearn.metrics
from sklearn.model_selection import train_test_split

# データセットを準備
data, target = sklearn.datasets.fetch_covtype(return_X_y=True)
target = list(map(lambda label: int(label) - 1, target))
train_x, valid_x, train_y, valid_y = train_test_split(
    data,
    target,
    test_size=0.25,
    random_state=0
)
dtrain = lgb.Dataset(train_x, label=train_y)

# デフォルトハイパーパラメータでモデルを学習
params = {
    "verbosity": -1,  # 煩雑なのでログ出力は抑制する
}
gbm = lgb.train(params, dtrain)

# 学習したモデルの推論精度を評価
preds = gbm.predict(valid_x)
pred_labels = np.rint(preds)
```

[*12] 執筆時に使用した各ライブラリのバージョンは次のとおりです.
　　　LightGBM 3.3.3, pandas 1.5.0, NumPy 1.23.3, scikit-learn 1.1.2

```
accuracy = sklearn.metrics.accuracy_score(valid_y, pred_labels)

print(f"Accuracy: {accuracy}")
```

リスト 3.13 では，データセットの準備，デフォルトハイパーパラメータでのモデルの学習，学習モデルの推論精度（accuracy）の評価を順番に行っています．**リスト 3.14** は，この学習コードの実行結果です．

リスト 3.14　リスト 3.13 の実行結果

```
Accuracy: 0.6682478158798786
```

3.3.4 ｜ ステップ 2：Optuna の導入

次に，Optuna を導入して，デフォルトよりも効果的なハイパーパラメータを用いてモデルの学習が行えるようにします．

LightGBM には数十個のハイパーパラメータが存在する[13] ので，最適化対象のハイパーパラメータをどう選択するかは悩ましいところです．幸いなことに，LightGBM はパラメータ調整用のドキュメント[14] を提供しています．ここに名前があがっているものは重要そうなので，今回は，このドキュメントの末尾に列挙されている 13 個のハイパーパラメータを最適化してみることにします．

リスト 3.15 は，Optuna 導入後のコードです．リスト 3.15 で定義しているOptuna の探索空間をバージョン 1 として，今後，更新のたびにバージョン番号を増やしていきます．

リスト 3.15　Optuna での最適化（探索空間バージョン 1）

```
import optuna
...（前回と同様のため省略）...

def objective(trial):
    # データセットを準備
```

---

[13]　https://lightgbm.readthedocs.io/en/latest/Parameters.html
　　　（2023 年 1 月確認）

[14]　https://lightgbm.readthedocs.io/en/latest/Parameters-Tuning.html
　　　（2023 年 1 月確認）

```
    ...前回と同様のため省略...

    # Optunaがサジェストしたハイパーパラメータでモデルを学習
    params = {
        "verbosity": -1,

        # 探索空間バージョン1
        # 最適化対象のハイパーパラメータは13個
        "max_bin": trial.suggest_int("max_bin", 10, 500),
        "num_leaves": trial.suggest_int("num_leaves", 2, 500),
        "min_data_in_leaf": trial.suggest_int("min_data_in_leaf", 2, 50),
        "min_sum_hessian_in_leaf": trial.suggest_float(
            "min_sum_hessian_in_leaf", 1e-8, 10.0, log=True),
        "bagging_fraction": trial.suggest_float(
            "bagging_fraction", 0.1, 1.0),
        "bagging_freq": trial.suggest_int("bagging_freq", 1, 100),
        "feature_fraction": trial.suggest_float(
            "feature_fraction", 0.1, 1.0),
        "lambda_l1": trial.suggest_float(
            "lambda_l1", 1e-8, 10.0, log=True),
        "lambda_l2": trial.suggest_float(
            "lambda_l2", 1e-8, 10.0, log=True),
        "min_gain_to_split": trial.suggest_float(
            "min_gain_to_split", 0, 10),
        "max_depth": trial.suggest_int("max_depth", 2, 100),
        "extra_trees": trial.suggest_categorical(
            "extra_trees", [True, False]),
        "path_smooth": trial.suggest_int("path_smooth", 0, 10),
    }
    gbm = lgb.train(params, dtrain)

    # 学習したモデルの推論精度を評価
    ...（前回と同様のため省略）...

    return accuracy

# 最適化を実行
study = optuna.create_study(direction="maximize")
study.optimize(objective, n_trials=100)

# 結果を表示
trial = study.best_trial
print("Best trial:")
print(f"  Accuracy: {trial.value}")
print("  Params: ")
for key, value in trial.params.items():
    print(f"    {key}: {value}")
```

　リスト 3.15 は，最適化対象のハイパーパラメータの数は多めですが，それ以外の部分はリスト 3.13 の学習コードを Optuna による最適化に素直に対応させた

だけのものとなっています.

　各ハイパーパラメータの探索範囲については,LightGBM のドキュメント[*15]に指定可能な値が記載されているので,そこから外れないように注意しつつ,広めの範囲を設定しています.

　リスト 3.16 は,この最適化の実行結果です.デフォルトのハイパーパラメータを使って学習したモデルでは 0.668 だった推論精度が,Optuna で最適化することで 0.847 に向上しています.なお,Optuna の最適化にはランダム要素がからむため,実行のたびに結果は多少変化します.

リスト 3.16　リスト 3.15 の実行結果

```
Best trial:
  Accuracy: 0.847032419295987
  Params:
    bagging_fraction: 0.9112301106266864
    bagging_freq: 7
    extra_trees: False
    feature_fraction: 0.8087425784991407
    lambda_l1: 4.2152631006101173e-07
    lambda_l2: 0.00011235186204001266
    max_bin: 465
    max_depth: 50
    min_data_in_leaf: 21
    min_gain_to_split: 0.049685864447540626
    min_sum_hessian_in_leaf: 0.6449996076349391
    num_leaves: 500
    path_smooth: 3
```

3.3.5 ｜ ステップ 3：可視化機能を用いた探索空間の分析と調整

　続いて,可視化機能を使って探索空間を改善していきます.

　まずは,可視化のための準備として,**リスト 3.17** の最適化を実行します.

[*15] https://lightgbm.readthedocs.io/en/latest/Parameters.html
（2023 年 1 月確認）

リスト 3.17 RandomSampler を用いて探索空間バージョン 1 の最適化を実行

```
# ...（目的関数などは以前と同様のため省略）...

# RandomSamplerを指定して，最適化を実行
study = optuna.create_study(
    sampler=optuna.sampler.RandomSampler(),
    direction="maximize",
)
study.optimize(objective, n_trials=100)
```

リスト 3.17 は，リスト 3.15 のコードとほぼ同様ですが，サンプラーをデフォルトの TPESampler から RandomSampler に変更しています．

RandomSampler は，その名のとおり，乱数生成器を使って無作為に探索点を選択します．過去のトライアルの実行結果を踏まえて探索点選択を行うほかのサンプラーのほうが，優れた最適化結果を得るためには有利ですが，ここでは探索空間の分析が目的なので，よりバイアスが少なく探索空間の特徴をとらえやすい RandomSampler を使用します．

次に，2.3.6 項で紹介した plot_param_importances 関数を使って，最適化の際にモデルの推論精度に大きな影響を与えた重要なハイパーパラメータがどれなのかを探ってみます（**リスト 3.18**）．

リスト 3.18 リスト 3.17 の最適化結果から各ハイパーパラメータの重要度を可視化

```
optuna.visualization.plot_param_importances(study).show()
```

可視化結果の**図 3.7** をみると，今回のタスクでは extra_trees と feature_fraction の重要度がとても高いことがわかります[16]．

この 2 つのハイパーパラメータの特徴を詳細に分析するために，今度は同じスタディに対して plot_slice 関数を呼び出してみましょう（**リスト 3.19**）．plot_slice は，横軸をパラメータの値，縦軸を目的関数の評価値とした散布

---

[16] 通常，plot_param_importances 関数の結果はスタディが同じでも呼出しごとに変わります．実行済みのトライアルの数が少ないときほど，呼出しごとの変動が大きい傾向があり，それは表示されているパラメータ重要度の信頼性が低いことを意味します．そのため plot_param_importances 関数を使用する際には，何度か実行してみて，結果が安定しているかどうかを確認する癖をつけるのが安全です．

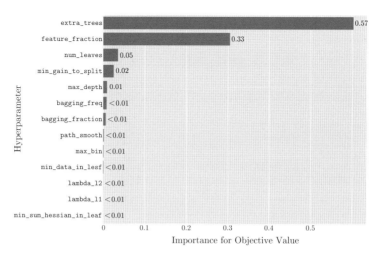

図 3.7 探索空間バージョン 1 の各ハイパーパラメータの重要度の可視化結果

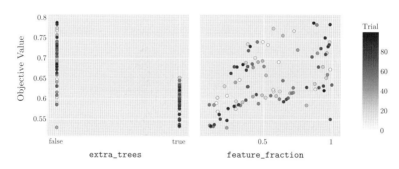

図 3.8 extra_tree と feature_fraction の可視化結果

図をパラメータごとに描画する可視化関数です. 図中の各点は 1 回のトライアルに対応します.

リスト 3.19 extra_tree と feature_fraction を plot_slice 関数で可視化

```
optuna.visualization.plot_slice(
    study,
    params=["extra_trees", "feature_fraction"]
).show()
```

図 3.8 は plot_slice 関数による可視化結果です.

左側の extra_trees の図をみると, このハイパーパラメータの値が false の

ときのほうがモデルの推論精度は高くなる傾向があるようなので，extra_trees
は常にFalseに設定してしまってよさそうです．また右側のfeature_fraction
の図からは，値が小さいと推論精度が悪くなる傾向がみられるので，こちらの探
索範囲は0.6〜0.9くらいの間に狭めたほうが無駄な探索が省けそうです．

リスト 3.20 で，これらの知見を反映した探索空間バージョン2を定義します．

リスト 3.20　探索空間バージョン2

```
params = {
    # 0.1〜1.0の範囲から，0.6〜0.9に狭める
    "feature_fraction": trial.suggest_float(
        "feature_fraction", 0.6, 0.9),

    # 常にFalseを指定
    "extra_trees": False,

    # ...（残りはバージョン1と同様なので省略）...
}
```

この新しい探索空間を用いて，再度 RandomSampler による最適化を実施して
みましょう．**図 3.9** は，その最適化結果に plot_param_importances 関数を適
用した結果です．

バージョン1のときとはハイパーパラメータの重要度の順位が変わっており，

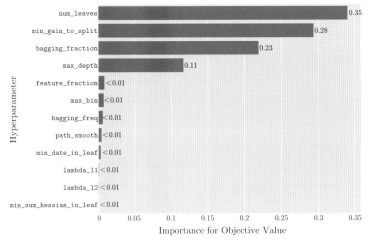

図 3.9　探索空間バージョン2の各ハイパーパラメータの重要度の可視化結果

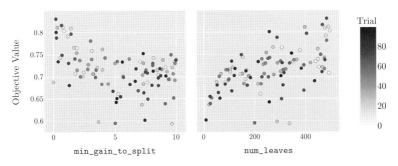

図 3.10　`min_gain_to_split` と `num_leaves` の可視化結果

バージョン 2 では上位の 2 つは `num_leaves` と `min_gain_to_split` になっています．特に `num_leaves` の影響が大きいようです．これらのハイパーパラメータが目的関数の評価値に与える影響を `plot_slice` 関数を使って確認してみましょう（**図 3.10**）．

　図 3.10 の右側をみると，どうやら `num_leaves` の値は大きくしたほうが，モデルの推論精度は高くなる傾向があるようです．`num_leaves` の探索範囲の上限は 500 ですが，図の右端付近でも右肩上がりの傾向が維持されているので，この制限を緩和するとさらなる性能向上が期待できそうです．探索空間バージョン 3 では，300〜700 の間を探索するようにします．

　一方，図 3.10 の左側の `min_gain_to_split` は小さめの値のほうがよさそうなので，こちらは 0 〜 2 に探索範囲をしぼることにします（**リスト 3.21**）．

リスト 3.21　探索空間バージョン 3

```
params = {
    # 範囲を2～500から，300～700に変更
    "num_leaves": trial.suggest_int("num_leaves", 300, 700),

    # 範囲を0～10から，0～2に変更
    "min_gain_to_split": trial.suggest_float(
        "min_gain_to_split", 0, 2),

    # ...（残りはバージョン2と同様なので省略）...
}
```

　重要度が高い 4 つのハイパーパラメータの探索範囲が調整できたので，探索空間の改善はここまでとし，リスト 3.21 の探索空間バージョン 3 を最終版として採用します．興味のある方は，手もとで残りのハイパーパラメータの調整を試して

みてください.

plot_param_importances 関数と plot_slice 関数を用いた今回の方法は,あくまでも一例に過ぎませんが,Optuna の可視化機能を活用して,探索空間を調整していく流れのイメージがつかめたのではないでしょうか.

3.3.6 │ **ステップ4：調整後の探索空間を使った最適化**

最後のステップとして,探索空間バージョン3（リスト 3.21）を使って最適化を行い,改善度合いを確認してみましょう.今回は探索空間の分析が目的ではないため,サンプラーには RandomSampler ではなく,デフォルトの TPESampler を使用して,最適化を実行します（**リスト 3.22**）.

リスト 3.22　探索空間バージョン3を使って最適化を実行

```
# ... （目的関数は探索空間バージョン3を使う点を除けば以前と同様のため省略）
...

# sampler引数は指定せず，デフォルトのTPESamplerで最適化を実行
study = optuna.create_study(direction="maximize")
study.optimize(objective, n_trials=100)

# 結果を表示
trial = study.best_trial
print("Best trial:")
print(f"  Accuracy: {trial.value}")
print("  Params: ")
for key, value in trial.params.items():
    print(f"    {key}: {value}")
```

最適化の結果は**リスト 3.23** のようになります.デフォルトのハイパーパラメータで学習したモデルの推論精度が 0.668（リスト 3.14），探索空間バージョン1で最適化したハイパーパラメータで学習した場合が 0.847（リスト 3.16）だったのに対して,探索空間バージョン3では 0.867 にまで推論精度が向上しています.

リスト 3.23　探索空間バージョン3を使った最適化の実行結果

```
Best trial:
  Accuracy: 0.8672936187204395
  Params:
    bagging_fraction: 0.6640908907530129
    bagging_freq: 96
    feature_fraction: 0.8780298419802437
```

```
lambda_l1: 0.45557502873591155
lambda_l2: 4.1542057124818984e-05
max_bin: 474
max_depth: 71
min_data_in_leaf: 7
min_gain_to_split: 0.013021415620956184
min_sum_hessian_in_leaf: 4.611724931279469e-07
num_leaves: 691
path_smooth: 1
```

また，**図 3.11** と**図 3.12** は，それぞれ探索空間バージョン 1 と探索空間バージョン 3 を用いた最適化結果を `plot_optimization_history` 関数で可視化した図です．`plot_optimization_history` は，横軸をトライアル番号，縦軸を各トライアルでの目的関数の評価値（モデルの推論精度）とした散布図を描画する関数です．各トライアル完了時点での最良の評価値が線で結ばれており，最適化の進行状況を確認することができます．

これら 2 つの図を見比べると，調整後の探索空間バージョン 3 では，最適化の

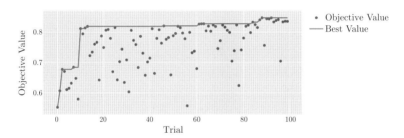

図 3.11 探索空間バージョン 1 の最適化を `plot_optimization_history` 関数で可視化

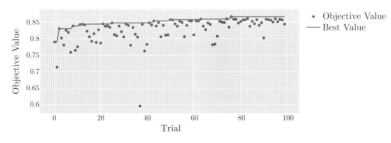

図 3.12 探索空間バージョン 3 の最適化を `plot_optimization_history` 関数で可視化

初期から最後まで，全体的に推論精度が高めの領域が重点的に探索されており，探索空間バージョン 1 に比べて，より効率的な探索が行われていることがわかります．

　本節では，LightGBM の各ハイパーパラメータの詳細には触れずに，Optuna の可視化機能だけを用いて，探索空間の改善が可能なことを示しました．もし最適化を一度だけしか実行しないことがわかっているのであれば，単に広めの探索空間と大きめのトライアル数を設定だけして，あとはサンプラー任せにするのもよいかもしれません．ただ，似たようなタスクを何度も最適化する機会があるのであれば，可視化機能を活用して探索空間への理解を深めたり，最適化効率を改善するのは有益でしょう．

　もちろん，このようなアプローチが万能というわけではありません．可視化だけにもとづいて探索空間を調整しても，思ったように最適化性能が上がらないケースもあるでしょう．また，あるタスク向けに行った調整が，別のタスクではうまく機能しないということもあるでしょう．本当に効果的な探索空間を定義しようとするなら，対象タスクに対する深いドメイン知識は必須となります．そのため，Optuna の可視化機能だけに頼るのではなく，あくまでも対象タスクへの理解を深めるための一助として活用するのがよいと思います．

　本節で取り上げたもの以外にも，Optuna はさまざまな可視化関数を提供しており，公式ドキュメント[*17] に一覧がまとめられています．また，**optuna-dashboard**[*18] という，ブラウザでリアルタイムに動作する可視化ツールも存在し，最適化の結果をインタラクティブに確認することができます．

3.4　探索点の手動指定

　サジェスト API を使って探索空間が定義されると，Optuna はそこから自動で次の探索点を決定します．ただし，実際のユースケースでは，事前に良好な探索点が判明していることも少なからずあります．そのような場合には，すべてを

---

*17 https://optuna.readthedocs.io/en/stable/reference/visualization/
　　 index.html 　（2023 年 1 月確認）

*18 https://github.com/optuna/optuna-dashboard 　（2023 年 1 月確認）

Optuna に任せるのではなく，ユーザの事前知識を活用することで，探索を効率化することが可能です．本節では，それを実現するための Optuna の機能をいくつか紹介していきます．

3.4.1 │ Study.enqueue_trial メソッド

ユーザの事前知識を活用するための最も柔軟な方法は，Study.enqueue_trial メソッドを利用することです．このメソッドを使うと，以降のトライアルで探索されるべきパラメータを Optuna のスタディが管理している FIFO キューに追加することができます．トライアルの実行中にサジェスト API が呼ばれた際には，まずこのキューが確認されて，空ではない場合には，その先頭要素が取り出されて使用されます．

リスト 3.24 は Study.enqueue_trial メソッドを使ったコード例です．

リスト 3.24　Study.enqueue_trial メソッドのコード例

```python
import optuna

def objective(trial):
    x = trial.suggest_float("x", -1, 1)
    y = trial.suggest_float("y", -1, 1)
    return x * y

study = optuna.create_study()

# xとyの両方をキューに追加
study.enqueue_trial({"x": 0.5, "y": -0.3})

# xのみをキューに追加
# (yは，Optunaのサンプラーによって，通常どおりに選択される)
study.enqueue_trial({"x": 0.9})

# 最適化を実行し，結果を表示
study.optimize(objective, n_trials=3)
for trial in study.trials:
    print(f"[{trial.number}] params={trial.params}, value={trial.value}")
```

リスト 3.25 は，リスト 3.24 の実行結果です．これをみると，最初の 2 回のトライアルでは，ユーザが指定したパラメータが採用されていることがわかります．一方，3 回目のトライアルでは，キューが空になったので，通常どおり Optuna がすべてのパラメータの値を決定しています．

リスト 3.25　リスト 3.24 の実行結果

```
[0] params={'x': 0.5, 'y': -0.3}, value=-0.15
[1] params={'x': 0.9, 'y': -0.10610305279946686}, value
=-0.09549274751952018
[2] params={'x': -0.01400581922554367, 'y': -0.7128672151630027}, value
=0.009984289347389758
```

enqueue_trial メソッドを利用することで，以下のような探索点の使用を
Optuna に指示することが可能となります．

- 論文や過去の実験で発見され，良好だと判明しているパラメータ
- 最適化結果の比較対象（ライブラリのデフォルト値，既存研究や運用中の
  システムにおける採用値など）が使用しているパラメータ
- 探索空間中で，特に重点的に探索したい領域（例えば探索空間の端のほう）

　探索点の手動指定は，最適化結果に大きな影響を与える可能性があります．
enqueue_trial メソッドの有無で最適化結果が変わる例を 1 つみてみましょう．
　図 3.13 は，Himmelblau[19] という，ブラックボックス最適化アルゴリズムの
ベンチマークで使われる関数をプロットしたものです．これは多峰性の関数で，図
中に 4 つある濃いへこみの底の部分に最適解（値は 0）が存在しています．最適解
の 1 つは $x = 3$，$y = 2$ を評価することで得られます．この付近にあらかじめ探
索点を追加しておくことで，最適化結果がどのように変わるかをみてみましょう．

リスト 3.26　Himmelblau 関数の最適化コード

```
import optuna

def objective(trial):
    x = trial.suggest_float("x", -5, 5)
    y = trial.suggest_float("y", -5, 5)

    # Himmelblau関数
    return (x**2 + y - 11)**2 + (x + y**2 - 7)**2

study = optuna.create_study()

# x=3, y=2付近の探索点を追加し，最適化を実施
```

---

[19] https://en.wikipedia.org/wiki/Himmelblau's_function
（2023 年 1 月確認）

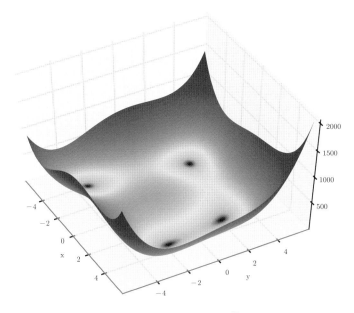

図 3.13　Himmelblau 関数

（画像は `https://en.wikipedia.org/wiki/Himmelblau's_function`
（2023 年 1 月確認）より引用）

```
study.enqueue_trial({"x": 2.8, "y": 2.2})  # 評価値は1.3312
study.enqueue_trial({"x": 3.1, "y": 1.7})  # 評価値は1.1161

study.optimize(objective, n_trials=100)

# 最適化結果を可視化
optuna.visualization.plot_contour(study).show()
```

リスト 3.26 が Himmelblau 関数の最適化を行うコードです．最適化を実行する前に，`enqueue_trial` メソッドを使って 2 つの探索点を追加しているところに注意してください．また，最適化の実行後は，`plot_contour` 関数を使って結果の可視化を行っています．**図 3.14** は，その可視化結果です．

リスト 3.26 は単目的最適化なので，`TPESampler` がデフォルトサンプラーとして使用されます．`TPESampler` は探索点選択過程の一部で乱数生成器を利用しており，最適化の実行のたびに結果が変わるため，図 3.14 には別々に実行した 4 回の最適化の結果を表示しています．

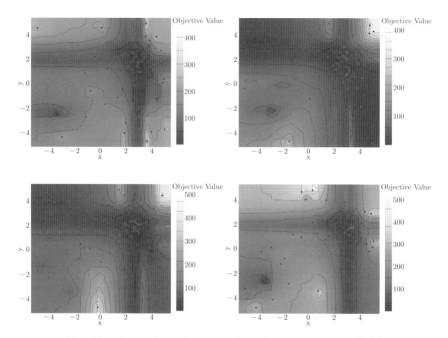

図 3.14　Himmelblau 関数の最適化結果（enqueue_trial あり）

この図からは，Himmelblau 関数の 4 つある最適解の中でも，enqueue_trial メソッドによって手動で探索点が与えられた付近（右上）がサンプラーによって重点的に探索されていることが見てとれます．

一方，**図 3.15** はリスト 3.26 から enqueue_trial メソッド呼出しを除いた場合の最適化結果です．こちらでは，4 つある最適解の中のどれが重点的に探索されるかはサンプラー任せとなるため，探索領域の偏り方も最適化の実行ごとに変化していることが見てとれます[*20]．

また，enqueue_trial メソッドは発見された最良のトライアルの値にも影響を与えています．

図 3.16 の (a) はリスト 3.26 の最適化を 100 回実行した結果です．図の横軸は

[*20]　なお，これはあくまでも「そのような傾向がある」といった話であって，enqueue_trial メソッドを用いた場合でも右上以外に探索が集中したり，逆に enqueue_trial メソッドを使っていなくても数回の実行がすべて同じ箇所に固まったりする可能性はあります．

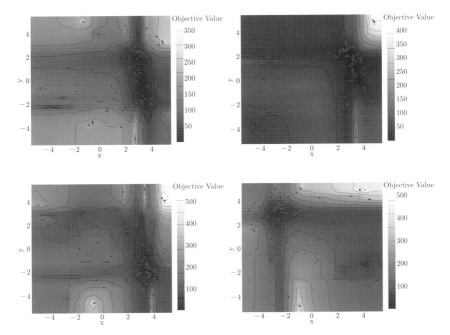

図 3.15 Himmelblau 関数の最適化結果（enqueue_trial なし）

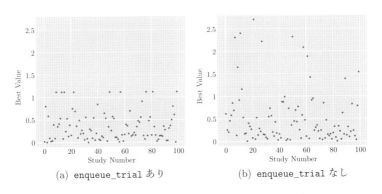

(a) enqueue_trial あり　　　　(b) enqueue_trial なし

図 3.16 Himmelblau 関数を 100 回最適化した結果

スタディの番号で,縦軸はそれぞれのスタディでの最良トライアルの評価値となっています.それに対して,(b) は enqueue_trial メソッドの呼出しなしで,同様の最適化を実行した結果です.各スタディにおいて結果のばらつきはありますが,enqueue_trial メソッドを使っている (a) のほうが,全体的に良好な結果となっていることがわかります.なお,最良トライアルの評価値の平均値は,(a) では 0.373,(b) では 0.521 です.

このように,enqueue_trial メソッドを使うことで,サンプラーに探索すべき領域のヒントを与えることができます.

3.4.2 │ Study.add_trial メソッド

手動で追加する探索点の評価値まで事前に判明している場合には,Study.add_trial というメソッドを用いることで,さらに最適化の効率が上がる可能性があります.enqueue_trial メソッドが「これから評価されるべきトライアル」を追加するのに対して,add_trial メソッドは「すでに評価済みのトライアル」を追加するために使用できます[*21].

リスト 3.27 は,リスト 3.24 のコードを add_trial メソッドを使って置き換えたものです.

リスト 3.27　Study.add_trial メソッドのコード例

```
import optuna

def objective(trial):
    x = trial.suggest_float("x", -1, 1)
    y = trial.suggest_float("y", -1, 1)
    return x * y

study = optuna.create_study()

# add_trialメソッドの場合, 追加時に探索空間の指定が必要
search_space = {
    "x": optuna.distributions.FloatDistribution(-1, 1),
    "y": optuna.distributions.FloatDistribution(-1, 1)
}
```

[*21] これが典型的なユースケースですが,実際には add_trial メソッドはもっと柔軟で,任意の状態のトライアルを追加可能です.enqueue_trial メソッドも,内部的には add_trial メソッドを利用して実装されています.

```
}

# x=0.5, y=-0.3の評価済みトライアルを追加
study.add_trial(optuna.trial.create_trial(
    params={"x": 0.5, "y": -0.3},
    distributions=search_space,
    value=-0.15
))

# x=0.1, y=0.1の評価済みトライアルを間違った値で追加
study.add_trial(optuna.trial.create_trial(
    params={"x": 0.1, "y": 0.1},
    distributions=search_space,
    value=0.0  # 本当は0.001とすべきだが, わざと不正な値を指定
))

# 最適化を実行し, 結果を表示
study.optimize(objective, n_trials=3)
for trial in study.trials:
    print(f"[{trial.number}] params={trial.params}, value={trial.value}")
```

enqueue_trial メソッドとは異なり, add_trial メソッドは FronzenTrial を引数で受け取ります. リスト 3.27 では create_trial という関数を使って, 追加対象のトライアルを表す FronzenTrial を生成しています. また create_trial 関数の引数としては, params と distributions, value を指定しており, それぞれがトライアルのパラメータ, 探索空間, 評価値に対応しています.

分布（distribution）は, サンプラーの視点での, パラメータの探索空間を表現する用語です. サジェスト API を通して定義された探索空間は, Optuna の内部で, BaseDistribution 抽象クラスを継承した FloatDistribution や IntDistribution, CategoricalDistribution に変換されたうえでサンプラーに渡ります. また Trial や FrozenTrial は, Distribution の形式でトライアルで使用された探索空間を保持しています.

通常, ユーザは Distribution について意識しなくても Optuna を使うことができますが, リスト 3.27 のように, 直接 FrozenTrial を生成する場合には, Distribution を使ってトライアルの探索空間を指定する必要があります.

リスト 3.28 は, リスト 3.27 の実行結果です.

リスト 3.28　リスト 3.27 の実行結果

```
[0] params={'x': 0.5, 'y': -0.3}, value=-0.15
[1] params={'x': 0.1, 'y': 0.1}, value=0.0
```

```
[2] params={'x': 0.5916821300790207, 'y': -0.11682413975098616}, value
=-0.06912275585251268
[3] params={'x': -0.07156661923327956, 'y': 0.4694637878222603}, value
=-0.03359793614688885
[4] params={'x': 0.18752004696967273, 'y': -0.6324739178344252}, value
=-0.11860153877940434
```

enqueue_trial メソッドを使った場合の結果（リスト 3.25）と比べると，いくつか差異があります．

1 つ目は，合計トライアル数の違いです．enqueue_trial メソッド版では 3 だったのが，add_trial メソッド版では 5 に増えています．これは add_trial メソッドで追加されたトライアルは，評価済みのトライアル扱いになるためです．optimize メソッドは，評価済みのトライアル数は考慮せずに，n_trials 引数で指定された分だけ，新しいトライアルを評価するため，add_trial メソッド版のほうが合計トライアル数が多くなっています．

2 つ目は，add_trial メソッドの場合，トライアル 1 のように間違った評価値が設定できてしまいます．enqueue_trial メソッドとは異なり，add_trial メソッドの場合には，目的関数呼出しはスキップされ，追加時に指定した value 引数の値がそのままトライアルの評価値として採用されるからです．目的関数の呼出しが不要なのは，最適化時間の短縮という点では有益ですが，その反面，今回の例のように不正な値がまぎれ込むことで最適化結果に悪影響を与えてしまうリスクにつながるため，注意が必要です．

なお，別のスタディの結果を流用するような用途では，複数のトライアルの追加が一度に行える Study.add_trials メソッドを使うと便利です．

リスト 3.29　Study.add_trials メソッドを使った過去のスタディ結果の流用

```
# 過去のスタディからトライアルを取得
old_study = optuna.load_study(...)
old_trials = old_study.trials

# 新しいスタディを作成
new_study = optuna.create_study()

# 過去のスタディの結果を流用
# 「目的関数の評価値が0.5未満のもののみ」という条件でフィルタリング
new_study.add_trials([t for t in old_trials if t.value < 0.5])

# 新しいスタディでの最適化を実施
new_study.optimize(...)
```

3.5　分散並列最適化

　大規模な機械学習モデルを学習する場合など，1 回のトライアルにかかる時間が長いときには，ハイパーパラメータの最適化を並列化したい場合があります．Optuna はスタディとその保存先のストレージを複数のプロセスで共有することで，**分散並列最適化**（distributed optimization）を実現できます．さらに，この分散並列最適化において，1 台のコンピュータから，数百ノードのクラスタ[*22] まで幅広く対応しています．

　図 3.17 に Optuna の分散並列最適化のイメージを示します．複数の最適化プロセスが共通のストレージとスタディに対して最適化を実行しており，それぞれの最適化プロセスは独立，かつ非同期で実行されています．したがって，任意のタイミングで最適化プロセスを追加することができますし，ある最適化プロセスがエラーで終了しても，ほかの最適化プロセスの実行に影響はありません．

　この特長により，Optuna では手軽に，しかもエラーに強い分散並列最適化を行うことができます．

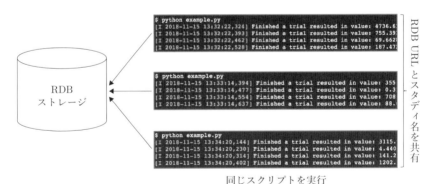

同じスクリプトを実行

図 3.17　Optuna の分散並列最適化の概要
（複数の最適化プロセスが同じスタディとストレージを共有）

[*22] https://icts.nagoya-u.ac.jp/ja/sc/event/20201105_hackathon/2020-11-05-gpu.html　（2023 年 1 月確認）

3.5.1 | 分散並列最適化のコード例

　分散並列最適化の具体的なコード例を, 2.3節で取り上げた機械学習のハイパーパラメータ最適化の例におけるコード（リスト 2.14）をもとに説明します. **リスト 3.30** が分散並列最適化のコード例ですが, リスト 2.14 からの変更点は, スタディの生成に関する部分だけで, ほかの箇所は変更していません.

　まず, 分散並列最適化の場合, 複数のプロセスでそれぞれスタディをつくる必要があります. しかし, 手順を省こうとして同時にスタディを生成しようとすると, 同じスタディ名で複数のエントリをつくろうとしていることになり, 最初にスタディを作成できたプロセス以外はエラーで失敗します. そのため, ここでは optuna.create_study ではなく, optuna.load_study でスタディを読み出しています[23]. また, optuna.load_study では, 複数の Optuna プロセスで, 同一の study_name と storage を指定します. このコードを list_3_30_optimize_rf_in_parallel.py という名前で保存しておいてください.

リスト 3.30　分散並列最適化のコード

```python
import optuna

# objective関数の定義は共通のため省略
...

# (1) スタディを作成するのではなく, スタディをロードする
study = optuna.load_study(
    # (2) スタディ名を指定
    study_name="ch3-parallel",
    # (3) RDBのURLを指定
    storage="mysql+pymysql://user:test@localhost:3306/optunatest",
)
study.optimize(objective, n_trials=100)

print(f"Best objective value: {study.best_value}")
print(f"Best parameter: {study.best_params}")
```

　次に, 実行準備をしましょう. 関係データベース（relational database; RDB）

---

[23]　代替手段として optuna.create_study に load_if_exist=True を指定することで, スタディが存在すれば作成せずに読み出すこともできます

の MySQL[24] サーバを立て，MySQL にアクセスするためのドライバをインス
トールし，スタディを optuna コマンド[25] を使って作成します．さらに，準備
の手間を減らすため MySQL サーバの実行には，Docker[26] を使っています．す
でに MySQL サーバをもっている場合にはそちらを使ってかまいません．具体的
なコマンドを**リスト 3.31** に示します．

リスト 3.31　分散並列最適化の実行準備

```
# Dockerを使ってMySQLサーバを起動
$ docker run -d -p 3306:3306 \
  -e MYSQL_ROOT_PASSWORD=mandatory_arguments \
  -e MYSQL_DATABASE=optunatest \
  -e MYSQL_USER=user \
  -e MYSQL_PASSWORD=test \
  mysql:5.7

# MySQLのドライバをインストール
$ pip install PyMySQL cryptography

# studyを作成
$ optuna create-study \
  --storage=mysql+pymysql://user:test@localhost:3306/optunatest \
  --study-name=ch3-parallel \
  --direction maximize
```

　さて，手もとのコンピュータで 2 つのプロセスを立ち上げ，2 並列での最適を行
います．これまで実行してきたターミナルに加えて，もう 1 つ新しいターミナル
を立ち上げてください．続いて，それぞれのターミナルで**リスト 3.32** のように，
list_3_30_optimize_rf_in_parallel.py を実行してください．

リスト 3.32　最適化プロセスの実行

```
$ python list_3_30_optimize_rf_in_parallel.py
```

　正常に実行されると，それぞれのターミナルで**リスト 3.33** のようなログが流れ

---

[24]　https://www.mysql.com/　（2023 年 1 月確認）

[25]　Optuna はコマンドラインインタフェースを提供しています．Optuna のドキュメントを
　　参照してください．

[26]　https://www.docker.com/　（2023 年 1 月確認）

ます[*27]．この例では，トライアル0とトライアル1はターミナル1で実行され
（リスト3.33のターミナル1)，トライアル2とトライアル3はターミナル2で実
行され（リスト3.33のターミナル2)，それぞれのターミナルで別々のトライア
ルが独立して実行されている様子が確認できます．

リスト 3.33　最適化プロセスの実行結果の例

```
# ターミナル1
[I 2022-09-20 11:12:47,068] Trial 0 finished with value:
0.7607182349443268 and parameters: {'max_depth': 19, 'min_samples_split':
0.9472766221729457}. Best is trial 0 with value: 0.7607182349443268.
[I 2022-09-20 11:12:51,652] Trial 1 finished with value:
0.8378649794072679 and parameters: {'max_depth': 12, 'min_samples_split':
0.042569938093081294}. Best is trial 1 with value: 0.8378649794072679.
[I 2022-09-20 11:12:52,773] Trial 4 finished with value:
0.7607182349443268 and parameters: {'max_depth': 30, 'min_samples_split':
0.6829115553165366}. Best is trial 1 with value: 0.8378649794072679.
[I 2022-09-20 11:12:53,879] Trial 6 finished with value:
0.7607182349443268 and parameters: {'max_depth': 12, 'min_samples_split':
0.7860833284019095}. Best is trial 1 with value: 0.8378649794072679.
[I 2022-09-20 11:12:55,037] Trial 8 finished with value:
0.7607182349443268 and parameters: {'max_depth': 15, 'min_samples_split':
0.650773378124263}. Best is trial 1 with value: 0.8378649794072679.

# ターミナル2
[I 2022-09-20 11:12:50,926] Trial 2 finished with value:
0.7607182349443268 and parameters: {'max_depth': 3, 'min_samples_split':
0.9636664603086549}. Best is trial 0 with value: 0.7607182349443268.
[I 2022-09-20 11:12:52,466] Trial 3 finished with value:
0.7607182349443268 and parameters: {'max_depth': 7, 'min_samples_split':
0.5921699944794571}. Best is trial 1 with value: 0.8378649794072679.
[I 2022-09-20 11:12:53,556] Trial 5 finished with value:
0.7607182349443268 and parameters: {'max_depth': 4, 'min_samples_split':
0.9702329708500587}. Best is trial 1 with value: 0.8378649794072679.
[I 2022-09-20 11:12:54,654] Trial 7 finished with value:
0.7607182349443268 and parameters: {'max_depth': 9, 'min_samples_split':
0.7621668222418754}. Best is trial 1 with value: 0.8378649794072679.
[I 2022-09-20 11:12:55,784] Trial 9 finished with value:
0.7607182349443268 and parameters: {'max_depth': 28, 'min_samples_split':
0.7902686613622874}. Best is trial 1 with value: 0.8378649794072679.
```

[*27] エラーが出る場合には，MySQL サーバが起動しているか，MySQL のドライバがイン
ストールされているかなど，リスト 3.31 のステップを確認してください．

3.5.2 │ 分散並列最適化でのトライアル数の指定

3.5.1 項において，それぞれ 100 トライアル実行されましたので，合わせて 200 トライアル実行されたことになります．一方，個々のプロセスが実行するトライアル数を指定するのではなく，総トライアル数を指定したいことがあります．

そのような場合，実行が完了したトライアル数によって最適化を停止することができる optuna.study.MaxTrialsCallback を使うと便利です．

ここで，リスト 3.30 のコード study.optimize を**リスト 3.34** のように変更すると，2 プロセス合計で 100 トライアル実行されるようになります．ただし，それぞれのプロセスは非同期で実行されるので，100 トライアルぴったりで終了しない可能性があります．例えば，99 トライアル完了時にほかのプロセスがトライアルをすでに実行中であっても，それを考慮することなく，新しくトライアルを実行します（結果的に合計で 101 トライアルが実行されることになる）．そのため，MaxTrialsCallback では「少なくとも」100 トライアルが実行されると理解してください．

リスト 3.34　MaxTrialCallback によるスタディの終了判定

```
from optuna.study import MaxTrialsCallback
study.optimize(objective, callbacks=[MaxTrialsCallback(100)])
```

3.5.3 │ Optuna の分散並列最適化の仕組み

Optuna で簡単に分散並列最適化ができるのは，Optuna のサンプラーやプルーナーが基本的に状態をもたない設計になっているためです．これについて，もう少し詳しく説明します．

サンプラーを例に，サンプラーがもつ可能性のある状態と，Optuna での実装について説明します．SMBO や進化計算などの探索点選択アルゴリズムは，過去のトライアルの情報を使って新しいトライアルのパラメータを決定しますが，Optuna は，並列化を意識して，サンプラーでは探索点選択アルゴリズムの途中結果を状態として保存しないように設計されています．ここでいう途中結果は探索点選択アルゴリズムにより異なりますが，代表的なものとしては前回のトライアルで参照したトライアルがあげられます．

なぜなら，サンプラーが途中計算結果を保持すると，ほかの最適化プロセスによるトライアルに対する追加処理が必要になるからです．具体的には，自分が途中結果の計算に使ったトライアルと，ほかのプロセスによるトライアルとを区別し，ほかのトライアルの状態に合わせて途中結果を更新する処理が必要になります．途中結果を保存しなければ，全部のトライアルを区別なく扱うことができ，処理がシンプルになります．

とはいえ，完全に途中結果を使わないというのでは，ほかの最適化プロセスが並行に実行しているにもかかわらず，それらを完全に無視することになるので，計算の無駄が多くて効率が悪くなります．したがって，途中結果は保存するのですが，サンプラーではなく，トライアルに保存しています．こうすることで，途中結果を更新する処理が不要でありながら，自分以外のサンプラーがつくった途中結果を引き継ぐことができるようになります．

3.5.4 | 分散並列最適化における耐障害性向上

分散並列最適化に使うコンピュータの台数が多くなればなるほど，増えた台数の分だけ，コンピュータの故障やネットワークの不通などの障害が発生する可能性が高くなります．また，Amazon EC2 のスポットインスタンス[*28] や Google Cloud の Preemptible VM instances[*29] などクラウド事業者が任意に停止できるが低価格なインスタンスを使って，途中で計算が打ち切られることを許容しても，コンピュータの利用料金を下げたいという場合もあります．

あるトライアルの途中で 1 つの最適化プロセスが異常終了した場合，デフォルトでは，実行中だったあるトライアルは「実行中」という状態のままストレージに残り続けます．そして，ほかの最適化プロセスが，その次のトライアルをまったく別のものとして新しく実行します．TPE（6.2.1 項参照）など，確率的に動作する探索点選択アルゴリズムの場合，これでもまったくかまわないかもしれませんが，ユーザがパラメータの値を指定した場合（3.4 節で説明した enqueue_trial を参照）などには，異常終了したトライアルを放置せず，自動的に再評価

[*28] https://aws.amazon.com/jp/ec2/spot/　（2023 年 1 月確認）

[*29] https://cloud.google.com/compute/docs/instances/preemptible
（2023 年 1 月確認）

してほしいでしょう．

ここで，Optuna のハートビート機能（optuna.storages.RDBStorage と optuna.storages.RetryFailedTrialCallback）を使って，障害を検知し，エラーが起こったトライアルを再評価する仕組みを紹介します．

RDBStorage の**ハートビート**（heartbeat）機能は，データベースにトライアルの生存確認時刻を定期的に書き込みます．最適化プロセスが途中でエラーなどにより異常終了すると，生存確認時刻の更新が止まります．これによって，ほかの最適化プロセスは，その最適化プロセスの生存確認時刻の更新が一定時間以上行われないことから，異常終了したことを検知することができます．

リスト 3.35　ハートビートによる障害の検知

```python
import optuna
from optuna.storages import RetryFailedTrialCallback

# (1) RetryFailedTrialCallbackを指定したRDBStorageを作成
storage = optuna.storages.RDBStorage(
    url="mysql+pymysql://user:test@localhost:3306/optunatest",
    heartbeat_interval=60,
    grace_period=120,
    failed_trial_callback=RetryFailedTrialCallback(max_retry=3),
)

study = optuna.load_study(
    study_name="ch3-parallel",
    storage=storage  # (2) RDBStorageをstudyに指定
)
```

ここで，引数の heartbeat_interval は，ハートビートを送信する間隔を秒で指定し，grace_period はハートビートが途絶えたときにトライアルが異常終了したことを判定する閾値を秒の単位で指定するためのものです．あるトライアルが異常終了したと判定された場合には，failed_trial_callback 引数に指定したコールバック関数（ほかの関数に引数として渡される別の関数）が実行されます．すると，RetryFailedTrialCallback が引数の max_retry の数だけ，失敗したトライアルを再実行します．つまり，失敗した Trial オブジェクトの params，distributions，user_attrs，system_attrs を引き継いだ新しいトライアルをスタディに対して実行待ちの状態（TrialState.WAITING）で追加します．

3.5.5 | 分散並列最適化の注意事項

本節の最後に，分散並列最適化の注意事項について述べておきます．

まず，分散並列最適化では，複数のプロセスから同じストレージを利用する必要があります．したがって，Optuna のデフォルトの `InMemoryStorage` は利用できず，`RDBStorage` などを利用することになります．上記の例でも，MySQL を利用する `RDBStorage` を利用しています．

ここで，`RDBStorage` での動作が確認されているデータベースは MySQL と PostgreSQL[*30] です[*31]．

また，`RDBStorage` を実装するために SQLAlchemy を使用していることにも注意が必要です．SQLAlchemy は，ファイルベースの RDB である SQLite3[*32] もサポートしており，これは筆者もよく使うストレージですが，SQLite3 はネットワークファイルシステム（network file system; NFS）[*33] と組み合わせると，ファイルロックが正常に動作しない場合があります[*34]．これによって，NFS 上に SQLite3 のデータベースファイルを置いて分散並列最適化をすると異常終了してしまいます．

NFS を使って分散並列最適化をしたい場合には，`JournalStorage`[*35] を利用するとよいでしょう．

[*30] https://www.postgresql.org/ （2023 年 1 月確認）

[*31] Optuna は RDB に非依存な O/R マッパ（この場合，Python のオブジェクトと RDB でデータを相互変換するためのソフトウェアです）である SQLAlchemy（https://www.sqlalchemy.org/（2023 年 1 月確認））を使って `RDBStorage` を実装していますので，Oracle Database（https://www.oracle.com/jp/database/（2023 年 1 月確認））や Microsoft SQL Server（https://www.microsoft.com/ja-jp/sql-server/（2023 年 1 月確認））など，SQLAlchemy がサポートしているほかの RDB でも動作する可能性はありますが，動作は未確認ですので，自己責任で利用してください．

[*32] https://www.sqlite.org/ （2023 年 1 月確認）

[*33] ネットワークを介してほかのコンピュータに保存されたディレクトリやファイルを読み書き可能なファイルシステムのこと．

[*34] https://www.sqlite.org/faq.html#q5 （2023 年 1 月確認）

[*35] https://tech.preferred.jp/ja/blog/optuna-journal-storage/ （2023 年 1 月確認）

3.6 サンプラーの選択

Optuna には，ブラックボックス最適化問題を解くためのさまざまなアルゴリズムが実装されています．実装されているアルゴリズムは**サンプラー**（sampler）と呼ばれ，ユーザが簡単に指定することができます．本節では，Optuna で利用可能なサンプラーを簡単に紹介し，サンプラーを指定する方法について説明します．なお，それぞれのサンプラーがどのようなアルゴリズムにもとづいて実装されているかについては，CHAPTER 6 を参照してください．

3.6.1 │ サンプラーの使い分け

現実の問題にブラックボックス最適化を適用するとき，問題ごとに特徴や傾向があるため，ユーザは適したサンプラーを選択することで，より短い実行時間で解を見つけたり，より評価値のよい解を求めることができる可能性があります．Optuna において，サンプラーは最適化の効率の鍵を握るコンポーネントです．**表 3.2** に Optuna が提供する代表的なサンプラーをまとめて示します．

ランダムサーチとグリッドサーチ（1.3 節参照）は，それぞれ RandomSampler，GridSampler として提供されます．また，表中のアルゴリズムの詳細については，QMCSampler を除いて CHAPTER 6 で解説します．**QMCSampler** の性質やア

表 3.2　Optuna が提供するサンプラー

サンプラー	アルゴリズム	動作速度	推奨されるトライアル数
RandomSampler	ランダムサーチ	速い	いくらでも
GridSampler	グリッドサーチ	速い	組合せの数だけ可能
TPESampler	ベイズ最適化	中程度	最大 1000 程度
BoTorchSampler	ベイズ最適化	遅い	最大 100 程度
CmaEsSampler	進化計算	速い	最大 10000 程度
NSGAIISampler	進化計算	速い	最大 10000 程度
QMCSampler	準モンテカルロ法	速い	いくらでも

ルゴリズムに興味のある読者は参考文献[2] や公式ドキュメント*36 を参照してください．この表の動作速度とは，TPESampler を中程度としたときの相対的なサンプラーの動作速度を表します．また，推奨されるトライアル数は本書の筆者らの経験にもとづく大まかな値です．以下ではそれぞれのサンプラーについて簡単に説明します．

TPESampler はベイズ最適化にもとづくアルゴリズムを実装しているサンプラーです．動作にかかる時間が中程度であり，比較的大きなトライアル数（1000 程度）でも利用できます．また，3.1 節で説明した多目的最適化，3.2 節で説明した制約付き最適化，そして 3.5 節で説明した分散並列最適化をサポートしており幅広い問題に適用可能なため，TPESampler は Optuna におけるデフォルトのサンプラーになっています．

BoTorchSampler は，TPESampler と同じくベイズ最適化にもとづくアルゴリズムを実装しているサンプラーで，BoTorch*37 というガウス過程*38 にもとづくベイズ最適化ライブラリを利用しています．動作が遅く比較的小さなトライアル数（100 程度まで）でしか用いることができませんが，問題によっては高い性能を発揮します．また，TPESampler と同様に多目的最適化，制約付き最適化をサポートしています．一方でうまく利用するには BoTorch に習熟している必要があり，利用する難易度が高いサンプラーであるといえるでしょう．

CmaEsSampler は，進化計算にもとづくアルゴリズムを実装しています．上記 2 つのサンプラーに比べて比較的短い時間で動作するので，大量のトライアル（10 000 程度まで）を処理する用途に適しています．調整したいパラメータが連続的である場合は高い性能を発揮する一方で，整数値やカテゴリカル変数など非連続なパラメータの場合には適しません．

NSGAIISampler は，CmaEsSampler と同じく進化計算にもとづくアルゴリズムを実装しています．このサンプラーは主に多目的最適化で用いられるもので，高速に動作し，また制約付き最適化をサポートしているなど汎用性も高いことから，多目的最適化のデフォルトのサンプラーになっています．

---

*36 https://scipy.github.io/devdocs/reference/stats.qmc.html
　　（2023 年 1 月確認）

*37 https://botorch.org/ 　　（2023 年 1 月確認）

*38 ガウス過程についての詳細は 6.2.2 項を参照してください．

QMCSampler は準モンテカルロ法にもとづくアルゴリズムを実装しているサンプラーです．このサンプラーは，調整したいパラメータが多く RandomSampler や GridSampler では十分に幅広くパラメータの探索が行えない場合に威力を発揮します．動作は軽量で，多くのトライアル数に対しても高速に動作します．

このように，トライアル数の大小，適応したい設定（多目的最適化，制約付き最適化など），調整したいパラメータの種類や数によって，サンプラーごとに得意／不得意があります．サンプラーを選択する際には，前掲の表 3.2，あるいは Optuna のドキュメントを参考にしてください．

3.6.2 ｜ サンプラーの選択方法

さて，Optuna で利用可能なサンプラーについて紹介したので，ここからはサンプラーの切替方法について説明しましょう．2.2 節の式 (2.1) で定義される関数の最小化問題を思い出します．式 (3.3) は 2.2 節の式 (2.1) で定義した関数です．

$$f(x, y) = (1.5 - x + xy)^2 + (2.25 - x + xy^2)^2 + (2.625 - x + xy^3)^2$$

$$(-4.5 \leq x \leq 4.5, \quad -4.5 \leq y \leq 4.5) \tag{3.3}$$

この関数の最小化を，Optuna のデフォルトではない CmaEsSampler を用いて実行してみましょう．ただし，デフォルトの TPESampler に比べて，CmaEsSampler は短時間で多くのトライアルを実行することができるので，2.2 節で実行した 1000 トライアルよりも多い 5000 トライアルで実行してみます．**リスト 3.36** に CmaEsSampler にサンプラーを切り替えて，目的関数を最小化するコードを示します．

リスト 3.36　新しいスタディを作成する際のサンプラーの選択方法

```
import optuna

def objective(trial):
    x = trial.suggest_float("x", -4.5, 4.5)
    y = trial.suggest_float("y", -4.5, 4.5)

    return (1.5 - x + x * y) ** 2 + \
        (2.25 - x + x * y ** 2) ** 2 + \
        (2.625 - x + x * y ** 3) ** 2

study = optuna.create_study(
    sampler=optuna.samplers.CmaEsSampler()
```

```
)
study.optimize(objective, n_trials=5000)

print(f"Best objective value: {study.best_value}")
print(f"Best parameter: {study.best_params}")
```

サンプラーを切り替えるには，リスト 3.36 のように optuna.create_study
の sampler 引数にサンプラーのオブジェクトを指定します．リスト 3.36 のコー
ドを筆者の手もとで実行すると，トライアル数を 5 倍にしたにもかかわらずリス
ト 2.4 と同程度の十数秒で最小化が終わり，**リスト 3.37** が得られました．

リスト 3.37　サンプラーを切り替えて実行した結果

```
[I 2022-10-05 19:26:15,150] A new study created in memory with name: no-
name-29bbc6fd-eba6-4910-ac15-6f746bf0a213
[I 2022-10-05 19:26:15,151] Trial 0 finished with value: 785.1327828259614
 and parameters: {'x': 2.2028543206411673, 'y': -2.2599541817823208}. Best
 is trial 0 with value: 785.1327828259614.
[I 2022-10-05 19:26:15,169] Trial 1 finished with value: 8.761052951641357
 and parameters: {'x': 0.4558849068184843, 'y': -0.5152043496110024}. Best
 is trial 1 with value: 8.761052951641357.
...(省略)
[I 2022-10-05 19:26:34,066] Trial 4999 finished with value: 0.0 and
parameters: {'x': 3.0, 'y': 0.5}. Best is trial 1034 with value: 0.0.
Best objective value: 0.0
Best parameter: {'x': 3.0, 'y': 0.5}
```

大域最適解は $(x, y) = (3, 0.5)$ なので，サンプラーを切り替えて短い時間で大
量のトライアルを実行することで，今回は CmaEsSampler を用いて Optuna が
大域最適解を発見できたことがわかります．

3.7 枝刈り

3.7.1 | 中間評価値と枝刈り

(1) 枝刈りによる実行時間の削減

　機械学習では，学習に長い時間を要することがよくあります．ハイパーパラメータ調整を行うと，学習を何回も行うことになるため，実行時間はさらに延びます．一方，機械学習の応用においては実行時間を現実的な範囲に抑える必要があるため，ハイパーパラメータ調整にかかる実行時間の短縮は大きな課題の1つです．

　このような理由から，学習途中の評価値（**中間評価値**（intermediate value））の変化をみて，望ましい数値解が得られる見込みのない場合には途中で学習を打ち切ることがあります．これを**枝刈り**といいます．Optuna では枝刈りを自動的に行うことができます．

　この判断は，中間評価値をほかのトライアルと比較することなどで行われます．中間評価値の変化が**図 3.18** のようになっているとしましょう．横軸は中間評価値を評価したタイミングを表す「ステップ」です．縦軸は各ステップ時の中間評価値で，大きいほうがよい結果を意味しています．この例ではトライアル3の中間評価値がほかのトライアルよりかなり悪いため，最後まで評価を行わず途中で枝

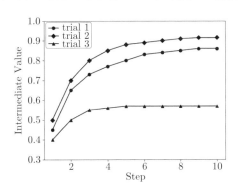

図 3.18　中間評価値の例

（横軸は中間評価値を評価したタイミングを表すステップ，縦軸は各ステップ時の中間評価値．トライアル3の中間評価値はほかよりかなり悪いため，有望ではないと途中で判断できる）

刈りしてもよさそうと判断することができます．

(2) 枝刈りを用いた最適化の例

実際に枝刈りを用いて最適化を行う例をみてましょう．Python の機械学習ライブラリの1つである PyTorch [39] を用いて分類問題を解くモデルのハイパーパラメータを最適化します．以下のコードでは Optuna による最適化部分のみを解説します．コードの全体は「まえがき」に URL を記載しているリポジトリを参照してください．

Optuna で最適化するニューラルネットワークのモデルを定義します（**リスト 3.38**）．このモデルでは畳み込み層（nn.Conv2d）–活性化関数（nn.ReLU）–プーリング層（nn.MaxPool2d）–ドロップアウト層（nn.Dropout）をひとまとめとして，いくつか積み重ねています．また，モデルを定義する際のハイパーパラメータには Optuna の提案した値を用います．これによって，層数，チャネル数，ドロップアウト確率を最適化します．

リスト 3.38　ニューラルネットワークのモデルの定義

```python
def define_model(trial):
    n_layers = trial.suggest_int("n_layers", 1, 3)
    layers = []

    in_channels = 1
    shape = (28, 28)
    for i in range(n_layers):
        out_channels = trial.suggest_int(f"n_channels_l{i}", 4, 128)
        layers.append(nn.Conv2d(in_channels, out_channels, kernel_size=3,
padding=1))
        layers.append(nn.ReLU())
        p = trial.suggest_float(f"dropout_l{i}", 0.2, 0.5)
        layers.append(nn.Dropout(p))
        layers.append(nn.MaxPool2d(kernel_size=2))
        in_channels = out_channels
        shape = (shape[0] // 2, shape[1] // 2)
    layers.append(nn.Flatten())
    layers.append(nn.Linear(in_channels * shape[0] * shape[1], 10))
    layers.append(nn.LogSoftmax(dim=1))

    return nn.Sequential(*layers)
```

---

[39] https://pytorch.org/　（2023 年 1 月確認）

続いて，モデルの学習ループを実装します（**リスト 3.39**）．学習データセットを1周する（一度すべて使い切る）ことを1エポック（epoch）と呼びますが，各エポックの最後に評価データセットでの正解率（accuracy）を求めて，これを今回の中間評価値とします．そして，① `trial.report` で中間評価値を報告した後，② `trial.should_prune` で枝刈りを行うべきかどうかの判定を行います．

そして，枝刈りを行うべきと判定された場合，例外 `optuna.TrialPruned` を送出し，処理を途中で打ち切ります．

リスト 3.39　学習ループの実装

```
def objective(trial):

    # モデル・オプティマイザ・データセットを用意する
    model = define_model(trial)
    optimizer = optim.Adam(model.parameters())
    # get_datasetの詳細は「まえがき」にURLを記載してあるリポジトリを参照
    train_loader, valid_loader = get_dataset()

    # 学習ループ
    for epoch in range(10):
        model.train()
        for data, target in train_loader:
            optimizer.zero_grad()
            output = model(data)
            loss = F.nll_loss(output, target)
            loss.backward()
            optimizer.step()

        model.eval()
        correct = 0
        with torch.no_grad():
            for data, target in valid_loader:
                output = model(data)
                pred = output.argmax(dim=1, keepdim=True)
                correct += pred.eq(target.view_as(pred)).sum().item()

        accuracy = correct / len(valid_loader.dataset)

        # 中間評価値を報告する(1)
        trial.report(accuracy, epoch)

        # 枝刈りをするべきか判定する(2)
        if trial.should_prune():
            raise optuna.exceptions.TrialPruned()

    return accuracy
```

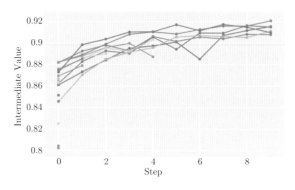

図 3.19　中間評価値の変化

　定義した目的関数を Optuna で最適化し，中間評価値を可視化します（**リスト 3.40**）．

リスト 3.40　最適化の実行と可視化

```
study = optuna.create_study(direction="maximize")
study.optimize(objective, n_trials=20)
fig = optuna.visualization.plot_intermediate_values(study)
fig.write_image("ch3_intermediate_values.png")
```

　図 3.19 に中間評価値の様子を示します．それぞれの線は各トライアルを表し，途中で線が終わっている箇所はそこで枝刈りが行われたことを示しています．また，ステップ 0 に点がいくつかありますが，これはステップ 0 において中間評価値が悪かったため枝刈りされたトライアルに対応します．このように，有望でないトライアルの多くは，早いステップで枝刈りが行われます．

3.7.2 ｜ 枝刈りのアルゴリズム

　Optuna では，枝刈りの機能を**プルーナー**（pruner）というコンポーネントで行います．`report` メソッドで中間評価値とそのステップがプルーナーに伝えられ，`should_prune` で報告された中間評価値をもとに枝刈りを行うべきかを判定します．

　ここで，枝刈りする基準は，個々のプルーナーに実装されているアルゴリズムによって異なります．デフォルトでは `MedianPruner` が用いられます．これは，各ス

テップにおいて過去のトライアルの中央値より悪ければ枝刈りするというアルゴリズムです．Optuna ではほかにも `SuccessiveHalvingPruner`[20]，`HyperbandPruner`[21] などのプルーナーを標準で提供しています．アルゴリズムの詳細は参考文献を参照してください．

3.7.3 ｜ 枝刈りの利用対象

　枝刈りを行うことで，有望でないトライアルを早期に打ち切り，効率的に最適化を行うことができます．ただし，あまり積極的に枝刈りを行ってしまうと，最終結果がよくなるハイパーパラメータまで，途中で処理が打ち切られてしまう可能性があります．特に，最初は中間評価値が悪く，途中からよくなる目的関数と積極的な枝刈りは相性がよくありません．

　例えば深層学習の学習率を最適化する場合，学習率を小さくすると損失の下がり方はゆっくりになるため，大きな学習率を選びやすくなってしまう可能性があります．**図 3.20** はリスト 3.39 のコードを用いて学習率を変化させた場合の中間評価値の変化です．ただし，学習率以外のハイパーパラメータは同じ値に固定しています．最終的な評価値はどれも同じくらいになるものの，中間評価値の変化のしかたが学習率によって異なっています．このような場合には，枝刈りの頻度が少なくなるようにプルーナーを設定したり，あるいは枝刈りを行わずすべての

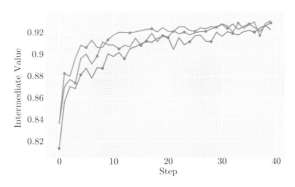

図 3.20　学習率を変化させたときの中間評価値の変化
（学習率として 0.001，0.0005，0.0002 を用いると，学習率が大きいほど中間評価値が早く上がる傾向となっている．このような場合に枝刈りを行うと，学習率が小さいトライアルが枝刈りされやすい傾向となる）

トライアルを最後まで評価したほうが，学習率をうまく最適化できる可能性があります．枝刈りを行わないようにするには，例外 TrialPruned を送出しないようにするか，常に枝刈りすべきでないと判定する NopPruner というプルーナーを用います．

　一方で，枝刈りを多く行い，それによってトライアル数を増やすことが，性能改善につながることもよくあります．つまり，問題の性質に応じて，適したアルゴリズムは変わるということです．

## CHAPTER 4

ブラックボックス
最適化の応用例

本章では Optuna 以外の事例も含めてブラックボックス
最適化の現実世界への応用について説明します．音声認
識の機械学習モデルのハイパーパラメータや，広告オー
クションへの入札システムのパラメータ，さらにはクッ
キーのレシピなど，さまざまな実用的なタスクを取り上
げます．

それぞれのタスクについて，最適化問題への落とし込み
方，最適化の工夫，最適化の効果の3つのポイントを押
さえつつ，できるだけ簡潔に説明しています．各節は独
立していますので，どこからでも読み始めていただける
ようになっています．

4.1 機械学習のハイパーパラメータの最適化
：音声認識ソフトウェア Mozilla DeepSpeech

4.1.1 | Mozilla DeepSpeech の概要

Mozilla DeepSpeech [*1] は Mozilla Foundation が開発しているオープンソースの音声認識ソフトウェアです．Baidu のチームで考案された DeepSpeech[13] という深層学習ベースのアルゴリズムを実装しています．

また，Mozilla は Common Voice というプロジェクト[*2] により，音声認識用の公開データセットをさまざまな言語（自然言語）向けに構築しています．執筆時点で日本語を含む 70 以上の言語のデータセットを配布しています．

一方，世界各地で話されている多様な言語で正確に音声認識を行うためには，音声認識の機械学習モデルにおけるハイパーパラメータの最適化が必要になります．この節では，Mozilla DeepSpeech のリリースノート[*3] をもとに，ブラックボックス最適化を用いて音声認識の機械学習モデルのハイパーパラメータを最適化する方法について説明します．

4.1.2 | Mozilla DeepSpeech のハイパーパラメータ

Mozilla DeepSpeech は大きく 3 つのコンポーネントを組み合わせて音声認識を行っています．1 つ目は**図 4.1** に示す RNN（recurrent neural network，回帰型ニューラルネットワーク）[*4] です．この RNN は，音声信号 x を入力として文字列 c を出力とします．2 つ目は，文字列 c がどのくらい言語として自然かを測る言語モデルです．3 つ目は，文字列 c の長さに対するペナルティである文字列長 word_count です．

---

*1 　https://github.com/mozilla/DeepSpeech 　（2023 年 1 月確認）
*2 　https://commonvoice.mozilla.org/ja 　（2023 年 1 月確認）
*3 　https://github.com/mozilla/DeepSpeech/releases/tag/v0.9.3
　　（2023 年 1 月確認）
*4 　内部に循環する接続をもつニューラルネットワークのこと．

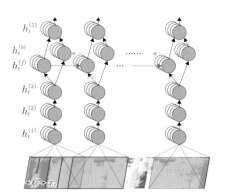

図 4.1　DeepSpeech のネットワーク構造
（文献 [13] より引用）

　このうち，RNN は教師データである音声信号 x と書き起こし文字列 c を使っ
て確率的勾配法によって学習されます．言語モデルは，大量のテキスト（corpus，
コーパス）を使ってつくった N-gram モデル[*5] です．文字列長は単に文字列 c の
長さを数えるだけですので，学習する必要はありません．

　DeepSpeech では，これら 3 つのコンポーネントのバランスをとるスコア関数
をもとに，最終的な文字列を決定します．スコア関数は

$$Q(c) = \log(P(c \mid x)) + \alpha \cdot \log(P_{\text{lm}}(c)) + \beta \cdot \text{word\_count}(c) \qquad (4.1)$$

です．ここで，$P(c \mid x)$ は入力音声信号 x に対する RNN の文字列 c の確率，$P_{\text{lm}}(c)$
は文字列 c に対する言語モデルの尤度（もっともらしさ），word_count は c の
系列長（単語列の長さや文字列長）に対するペナルティを表します．各コンポー
ネントのバランスを表す α と β が最適化するハイパーパラメータです．

　しかし，この最適化は容易ではありません．仮に，もし良質の教師データが大
量に入手できるならば，RNN の出力を信じることができて α と β を小さな値に
することができるでしょう．また，良質の教師データが少なくても，文章として
のもっともらしさを重視して α の値を大きくすることは考えられますが，α を大
きくしすぎると，もとの音声にはなかった言葉を途中に挟むようになってしまう
という副作用が生じる可能性があります．さらに，この対策として，β の値を大

[*5]　連続する N 文字（もしくは単語）の出現しやすさを表す確率モデルのこと．

きくして文字列長を短く制限する必要も生じます.

　すなわち, α と β は入手可能な実際のデータセットを用いて, 試行錯誤を繰り返して適正な値にしていくことになります. 以下では, これら α と β の Optuna を用いた最適化について説明します.

4.1.3 │ ハイパーパラメータ最適化の実験設定

　上記の α と β を Optuna を用いて最適化するための目的関数を**リスト 4.1** に示します. この目的関数は, ハイパーパラメータである α と β に対する音声認識モデルの評価値を計算するものです.

　関数の先頭で α と β の値をサジェスト API を使って取得しています. なお, α と β の上限値である `FLAGS.lm_alpha_max` と `FLAGS.lm_beta_max` は目的関数の外で定義されています. また, α と β は推論の際にしか利用されないため, この目的関数では学習済みの RNN のモデルと言語モデルを利用して音声認識を行うことができます.

　評価値は正解を含んだコーパスを使って計算されるエラー率です. エラー率の単位は, 単語と文字の 2 パターンで計算することができ, 事前にユーザが選択します. ここで, 単語単位のエラー率は, 認識されたテキストと正解テキストの単語単位での編集距離を正解テキストに含まれる単語数で除した値です. また, 文字単位のエラー率は, 同様に認識されたテキストと正解テキストの文字単位での編集距離を正解テキストに含まれる文字数で除した値です.

　リスト 4.1 の `FLAGS.test_files.split(',')` に関する for 文では中間評価値を計算しています. つまり, コーパスに含まれるテストファイルを 1 つずつ増やしながらエラー率を計算し, 中間評価値として報告しています. この中間評価値は `MedianPruner` での枝刈りにおいて利用されます.

　なお, 最終的に関数の返り値として返す評価値は, コーパス中の全テストファイルで計算します.

リスト 4.1　DeepSpeech のハイパーパラメータ最適化の目的関数[*6, *7]

```python
def objective(trial):
    FLAGS.lm_alpha = trial.suggest_uniform('lm_alpha', 0, FLAGS.
lm_alpha_max)
    FLAGS.lm_beta = trial.suggest_uniform('lm_beta', 0, FLAGS.lm_beta_max)

    is_character_based = trial.study.user_attrs['is_character_based']

    samples = []
    for step, test_file in enumerate(FLAGS.test_files.split(',')):
        tfv1.reset_default_graph()

        current_samples = evaluate([test_file], create_model)
        samples += current_samples

        # Report intermediate objective value.
        wer, cer = wer_cer_batch(current_samples)
        trial.report(cer if is_character_based else wer, step)

        # Handle pruning based on the intermediate value.
        if trial.should_prune():
            raise optuna.exceptions.TrialPruned()

    wer, cer = wer_cer_batch(samples)
    return cer if is_character_based else wer
```

4.1.4 ｜ ハイパーパラメータ最適化の結果

Mozilla DeepSpeech v0.9.3 のリリースノート[*8] によると，同社によるハイパーパラメータの最適化実験では，それぞれ 24 GB VRAM をもつ Quadro RTX6000 を 8 基搭載したサーバを利用しています．

探索範囲は $0 \leq \alpha \leq 5,\ 0 \leq \beta \leq 5$ で，トライアル数は 2400，データセットには LibriSpeech コーパス[29] を用いています．この LibriSpeech コーパスはパブ

---

*6　https://github.com/mozilla/DeepSpeech/blob/aa1d28530d531d0d92289bf5
　　f11a49fe516fdc86/lm_optimizer.py#L26-L48（2023 年 1 月確認）より引用．

*7　Optuna v3.0.0 で非推奨になった `suggest_uniform` が使われています．このコードを
　　参考にする場合には `suggest_float` と読み替えてください．

*8　https://github.com/mozilla/DeepSpeech/releases/tag/v0.9.3
　　（2023 年 1 月確認）

表 4.1　DeepSpeech のハイパーパラメータ最適化の結果

言語	α	β
英語	0.931	1.18
中国語	0.694	4.77

リックドメインのデータセット[*9] で，英語のテキストとそれを読み上げた音声が約 1000 時間分，含まれています．ハイパーパラメータの α と β は推論時にのみ使われますので，訓練用のデータは使わず，開発用のデータ（clean dev データ）の 5.4 時間分のみを使います．

　ハイパーパラメータ最適化の結果を**表 4.1** に示します．実際，これにもとづいて，Mozilla DeepSpeech v0.9.3 では $\alpha = 0.931$，$\beta = 1.18$ という値が採用されています．

　それでは，英語以外の言語ではどうでしょうか？ DeepSpeech は中国語のモデルも公開しています．こちらも英語の場合と同様に Optuna により α と β の最適化が行われ，$\alpha = 0.694$, $\beta = 4.77$ というハイパーパラメータが採用されています．

　ここで，英語と中国語のハイパーパラメータの傾向をみてみましょう．英語の場合には α と β の値はいずれも 1.0 に近かったことから，3 つのコンポーネントはそれぞれ同程度ずつ寄与している様子がうかがえます．一方で，中国語では，β の値が英語の 4 倍以上と大きくなっていて，明らかに英語と傾向が違います．この結果より，同じ音声認識タスクであっても，言語やデータセットの性質に応じて，それぞれ個別にハイパーパラメータの最適化が必要になるといえるでしょう．

　一方，Mozilla DeepSpeech では日本語のモデルは公開されていません．しかし，Common Voice に日本語のデータセットが存在しますので，こちらで日本語のモデルを学習することが可能です．その際には，ぜひ本節で紹介した方法で Optuna を使って α と β を最適化してみてください．

[*9]　https://www.openslr.org/12　（2023 年 1 月確認）

4.2 パイプラインフレームワークと ハイパーパラメータ最適化

　機械学習を利用したアプリケーションは，一般に，複数の処理から構成されています．例えば，モデルの学習については，前段の処理としてデータクレンジング[*10] やデータフォーマットの変換などがあり，後段の処理として検証データでの評価値の計算やその可視化などがあるわけです．

　基本的にはすべての処理を順に動かしたいことが多いでしょうが，ときには,特定の処理だけを条件を変えて動かしたいということもあるでしょう．そのようなニーズに応えるため，パイプラインフレームワーク（pipeline framework）があります．パイプラインフレームワークは

- それぞれの処理を個別のリソース（サーバやコンテナ）に分割することで処理の独立性を高める
- 依存関係のある処理をつなげ,前段の処理の出力を後段の処理の入力とする

ことを可能にします．以下では，パイプラインフレームワークを使って構成されているシステムのハイパーパラメータをOptunaを用いて最適化する方法を紹介します．

4.2.1 ｜ タクシーの経路推薦

　タクシーに乗っているとき，「8号車，駅方面に向かってください」などという無線のやり取りが耳に入ってきたことはないでしょうか？客待ちのタクシーの偏りをみて，タクシー会社の配車センターが各タクシーの位置のバランスをとろうとしているのですね．

　ここでは，2021年6月に開催された第1回 Optuna Meetup での鈴木隆史氏

[*10]　入手したデータに含まれている不具合（欠損値や重複データなど）の修正のこと．

の発表[*11] をもとに，タクシー配車の効率化によって売上を改善した取組みについて紹介します．この事例では，タクシーの最適な経路を提案するためにつくられた Mobility Technologies 社の「お客様探索ナビ」のハイパーパラメータを Optuna で最適化しています．最適化の全体像は次のとおりです．

① ハイパーパラメータを決める
② タクシー配車を実行し，売上を計算する
③ 売上を評価値として報告する

このうち，①と③はサジェスト API と目的関数の返り値により実装できます．一方，このタスクの特徴として，②のタクシー配車の実行と売上の計算が複雑かつ大規模なものになっています．

タクシー配車のような現実の問題を解くシステムでは複雑さを適切に管理するために複数のコンポーネントを組み合わせる必要があり，かつ，それらが協調して動く必要があります．このタクシー配車の事例では，実装のシンプルさを保ちつつブラックボックス最適化を適用するために，パイプラインフレームワークの1つである Kubeflow Pipelines[*12] が用いられています．ハイパーパラメータの最適化において，パイプラインフレームワークを使う利点として，次の2点があります．

• 複数のステップからなる処理をパイプラインとして整理して，手間をなるべく省いて実行できるようにする（自動化）
• 並列に最適化を実行することで，現実的な時間内で終了できるようにする（実行時間短縮）

以下では，これら自動化と実行時間短縮の観点から解説します．

図 4.2 にタスク「お客様探索ナビ」の概要を示します．「お客様探索ナビ」は，乗客なしで走っている，いわゆる流しの状態にあるタクシーに対して進行方向を推薦することで，売上を向上させることを目標とします．具体的には，乗車希望

[*11] https://www.slideshare.net/takashisuzuki503/optuna-on-kubeflow-pipeline-249658335 （2023 年 1 月確認）

[*12] https://www.kubeflow.org/docs/components/pipelines/ （2023 年 1 月確認）

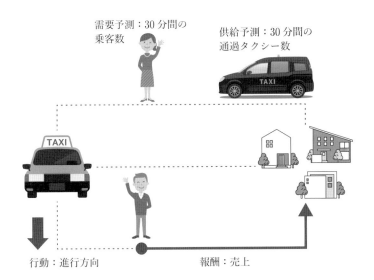

図 4.2　タクシー配車の問題設定
（上と下のどちらにも乗客がいるが，上はすでにほかのタクシーが向かってい
る．このとき，下を選択すれば効率的に乗客を獲得することができる）

者（需要）が多く，ほかのタクシーが少ない経路を推薦して実際にタクシーを向
かわせることで，全体の乗車率を上げてより売上を増やすことを目指します．

　ここで，タクシーも乗車希望者も移動していますので，状況は時々刻々と変わっ
ていきます．「お客様探索ナビ」では，機械学習モデルを使って予測した経路ごと
の需要（今後 30 分間の乗客数）と供給（今後 30 分間の通過タクシー数）を推薦
アルゴリズムに入力することで，目標を達成しようとします．

4.2.2 ｜ 経路推薦のハイパーパラメータ

　上記の「お客様探索ナビ」の課題は，実際の経路，タクシーの位置，乗客の位置
に膨大な組合せがあるため，経路推薦を単純なルールで記述することができない
ことです．そこで，機械学習の一種である強化学習を応用しています[13]．一方，

---

[13]　この部分の詳細については，Mobility Technologies 社の発表を参照してください
　　 https://lab.mo-t.com/blog/webconf2021 　（2023 年 1 月確認）

タクシーの場合，繁華街か郊外かなど，地域や場所によって最適な配車が異なることが知られています．また，街の変化（例えば新しい大規模商業施設ができるなど）によっても，最適な配車は変わります．このように，強化学習のハイパーパラメータ[*14] の最適値は場所の影響を受けるうえ，さらに街が変化するごとに変化します．

したがって，自動化と実行時間の短縮を図らなければ「お客様探索ナビ」の実現は困難であり，Optuna を使ってブラックボックス最適化により強化学習のハイパーパラメータを最適化しています．

実際に探索したハイパーパラメータは，強化学習の割引率[*15] gamma，道路コストの重み way_cost_weight，最大許容待ち時間 max_waiting_time の3つです．ここで，道路コストとは，例えば左折しやすいとか右折が少し難しいなどのような，道路の走行しやすさを表す数値です．この重みの大小によって，経路推薦のときに，走行しやすさをどの程度考慮するか指定します．また，最大許容待ち時間とは，タクシーを流していて乗客を得るまでにかかる最大の待ち時間です．

目的関数を**リスト 4.2** に示します．ここで，実数値パラメータの gamma と way_cost_weight については，suggest_float メソッドを使っています．また，log=True を指定することで，対数スケールで探索しています．整数パラメータの max_waiting_time には suggest_int メソッドを使っています．

リスト 4.2　タクシー経路推薦の目的関数

```python
import optuna

def objective(trial):
    gamma = trial.suggest_float("GAMMA", 0.8, 0.99, log=True)
    way_cost_weight = trial.suggest_float("WAY_COST_WEIGHT", 0.01, 0.20,
log=True)
    max_waiting_time = trial.suggest_int("MAX_WAITING_TIME", 250, 350)
    ...
```

[*14]　より正確にはそのコンポーネントである Value Iterator のハイパーパラメータ．Value
　　　Iterator の詳細は文献 [27] を参照．
[*15]　強化学習において将来の報酬を割り引いて考慮する割合のこと．

4.2.3 │ 経路推薦のシミュレータと Optuna による最適化

さて，ハイパーパラメータの最適化を行うためには，評価値である売上をパラメータに対して計算する必要があります．しかし，実際の運用においてこれらのハイパーパラメータを評価するのはコスト的にも時間的にも現実的ではありません．上記の実験では，評価までがコンピュータ内で完結するように，経路推薦はシミュレーションを使って評価しています．

すなわち，過去の乗車・降車および売上の記録と推薦された経路を照らし合わせると，売上がどれくらい上がるかをシミュレーションすることができます．

しかし，1 日分のシミュレーションだけでは，推薦に偏りが出てしまう可能性がありますので，1 週間（7 日間）分のシミュレーションを行い，その売上の合計を目的値としています．こうした規模の大きなシミュレーションには Kubeflow Pipelines を活用します．

Kubeflow Pipelines は Kubernetes[*16] をベースとした，ワークフローの構築とデプロイ用のプラットフォームです．**図 4.3** に示すように，Kubeflow Pipelines を適用して 1 セットの強化学習のハイパーパラメータについて，7 日分のシミュレーションを行い，それぞれの日の売上を計算します．ここで，シミュレーションは日ごとに独立して行うことができるため，並列化することができます．そして，7 日分の売上を集計して最終的な評価値を求めます．以上によって，強化学習のハイパーパラメータを入力として，1 週間分の売上を計算するパイプラインが構築できます（**図 4.4**）．

図 4.4 において，Optuna のパイプラインとシミュレーションのパイプラインが入れ子構造になっていることに注目してください．Optuna のトライアルに相当するパイプラインから，シミュレーションのパイプラインを呼び出しており，並行して 7 つのシミュレーションが走っています．ここで，5 つの Optuna のトライアルを並列に動かし，合計で 35 個のシミュレーションを同時に走らせます．さらに，計算リソースに余裕がある場合には，同時実行する Optuna のトライアル数を増やすことで，より並列度を上げることもできます．このように処理をパ

[*16] コンテナ化されたワークロードやサービスを管理するためのプラットフォーム
https://kubernetes.io/ja/docs/concepts/overview/what-is-kubernetes/
（2023 年 1 月確認）

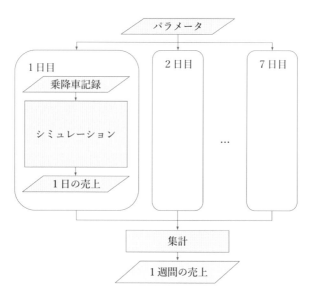

図 4.3 「お客様探索ナビ」によるタクシー配車のシミュレーションのパイプライン

イプラインとして抽象化することで，構成をシンプルにでき，並列化もしやすくなります．

それでは，具体的なコードをみていきましょう．**リスト 4.3** は，Optuna 関連のコードの抜粋です．引数などは，一部簡略化しています．`optuna.create_study` では，RDB をストレージとして使い，`load_if_exists` 引数を指定しています．これら 2 つの組合せによって，もし成功したトライアルの数が十分でない場合に，コードを変更することなく，追加でトライアルを走らせることができるようになります．

リスト 4.3 「お客様探索ナビ」の最適化に関する Optuna 該当部分のコード

```python
from exceptions import UnexpectedExit
from kfp_server_api.rest import ApiException
import optuna

N_TRIALS=100

def run_optuna():
    study = optuna.create_study(
        direction="maximize",
        study_name="optuna",
        storage=f"mysql://{user}:{password}@{host}/{database_name}",
```

```
        load_if_exists=True,
    )
    study.optimize(
        objective,
        n_trials=2 * N_TRIALS,
        n_jobs=5,
        catch=(ApiException, UnexpectedExit),
        callbacks=[optuna.study.MaxTrialsCallback(N_TRIALS)]
    )
```

また，`study.optimize` では，`catch` 引数での無視すべきエラーの指定と，`optuna.study.MaxTrialsCallback` の活用を行っています．

この「お客様探索ナビ」のように，パイプラインを複雑に組み合わせた場合，一部のコンポーネントの不調などによって，パラメータに関係なくトライアルが失敗しやすくなります．しかし，そのたびに最適化ループ全体を止めてしま

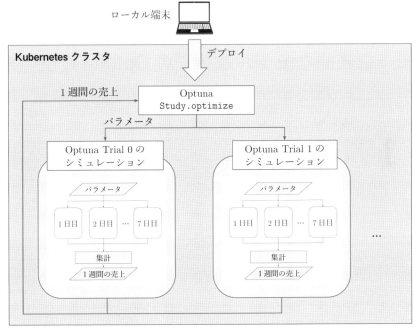

図 4.4　Optuna で「お客様探索ナビ」のハイパーパラメータを最適化するパイプライン
（Optuna の `Study.optimize` が複数のトライアルを並列に実行する．
Optuna の各トライアルは 7 日分のシミュレーションを並列に実行する）

うと最適化に時間がかかってしまうので，失敗したトライアルを無視して次の
トライアルで最適化を続けたほうが効率的です．これには，catch 引数に無視
したいエラーを指定します．ただし，トライアルが失敗してしまうと，希望し
た数だけのパラメータが試せなくなってしまいます．そこで，この実験では，
n_trials 引数には，目標とする N_TRIALS の 2 倍の数だけトライアル数を設
定しておき，optuna.study.MaxTrialsCallback を使って，完了したトライア
ルが N_TRIALS 個になるとスタディが止まるようにしています．また，もしエラー
があまりに多く起こり，完了したトライアル数が目標数に達するよりも前にトラ
イアルの総数が 2 * N_TRIALS を超えてしまうと，その時点でスタディが終了す
るようにしています．このときは，環境あるいは自分のコードに根本的な不具合
がある可能性がありますので，いったん最適化を止めて原因を調査するほうが合
理的でしょう．問題が解決した後に実験を再開するには，単に Optuna のワーク
フローを再実行します．

4.3　継続的なモデル改善での Optuna の使い方

　4.2 節の事例でもそうですが，機械学習モデルを使って実際にサービスを運用
していくと，時間の経過とともにモデルを取り巻く環境が変わり，モデルのアッ
プデートが必要になることがあります．さらに，そもそもデータが変われば，最
適なハイパーパラメータも変わります．したがって，継続的なモデルの改善が欠
かせません．
　以下では，継続的なモデルの改善において効果的な Optuna の使い方について
説明します．

4.3.1 ｜ 継続的なモデル改善

　データが変われば，最適なハイパーパラメータも変わるといっても，昨日と今
日のデータには類似性がみられることがあります．そうすると，適したハイパー
パラメータもまた，（まったく同じとはいえないとしても）似た値になることが期
待できます．機械学習のハイパーパラメータ調整において過去の探索結果を再利
用して，より効率的に探索を行えないでしょうか？

（株）サイバーエージェントの芝田 将 氏らは，過去の探索結果を再利用するアルゴリズムを利用しています．芝田氏らによる第 1 回 Optuna Meetup での発表[17] と，PyData Tokyo 23 での発表[18] をもとに過去の探索結果の再利用について説明します．

4.3.2 ｜ タスクの説明

芝田氏らは，Optuna を使ったブラックボックス最適化により，位置情報を活用した来店予測，および広告配信サービス "AirTrack"[19] で用いられる機械学習モデルのハイパーパラメータ最適化を行っています．

しかし，一度学習したモデルをずっと使い続けていると，時間の経過とともに性能が劣化しますので，定期的に最新のデータでモデルを再学習する必要があります．そこで，AWS Step Functions[20] を使って来訪予測モデルの学習パイプラインが組まれています．このパイプラインの概要を図 4.5 に示します．パイプラインを開始すると，ストレージから学習期間，検証期間のデータを取得し，学習データと検証データをつくります．そして，学習データを使ったモデルの学習と，検証データを使ったモデルの検証が行われます．次に，検証結果（評価値）とモデルは，モデル・評価値管理サービスに送られます．最後の推論サービスでは，学習されたモデルを選び，デプロイして，AirTrack で利用できるようにします．

芝田氏らは，図 4.6 のように，21 日間の学習データと続く 7 日間の検証データ

図 4.5　AWS Step Functions を使った機械学習のためのパイプライン

---

[17] https://www.slideshare.net/c-bata/cmaes-at-optuna-meetup-1
（2023 年 1 月確認）

[18] https://www.slideshare.net/c-bata/mlops-248545368　（2023 年 1 月確認）

[19] https://www.airtrack.jp/　（2023 年 1 月確認）

[20] https://aws.amazon.com/jp/step-functions　（2023 年 1 月確認）

図 4.6　学習データ／評価データの時間経過による変更

がたまったら検証を行うようにしています．1 か月に一度は来訪予測モデルの学習の評価をやり直すことになりますので，この部分だけを切り出してパイプラインを構築しています．

4.3.3 ｜ 過去の探索結果の再利用：Warm Starting CMA-ES

（株）サイバーエージェントの野村将寛氏らの提案した **Warm Starting CMA-ES**[26] は，「過去の探索結果をもとに，初期の探索範囲をうまく調整する」という発想にもとづいたアルゴリズムです．この Warm Starting CMA-ES は Optuna v2.6.0[*21] から利用可能です．

通常の CMA-ES は，探索の初期から有望な探索領域をしぼり込むようなことはせず，ランダム探索と同様な振舞いにより，探索空間の大部分をカバーするように広く初期の探索点を選びます．一方で，Warm Starting CMA-ES は過去の探索結果から有望そうな領域と，探索しても無駄そうな領域をある程度推定することができます．したがって，Warm Starting CMA-ES を適用すると，過去の探索で有望そうな領域を初期探索領域として設定することで，初期の探索効率を向上させることが可能です．

AirTrack では，この Warm Starting CMA-ES が用いられています．芝田氏によると，来訪予測モデルの学習パイプラインは定期的に実行されますが，そのたびに一からハイパーパラメータの探索をやり直すのではなく，前回の探索結果を今回のハイパーパラメータの探索にうまく活用したいというモチベーションで

---

*21　https://github.com/optuna/optuna/releases/tag/v2.6.0
　　（2023 年 1 月確認）

Warm Starting CMA-ES を適用したとのことです.

　Warm Starting CMA-ES を適用したハイパーパラメータ最適化部分のコード
を**リスト 4.4**と**リスト 4.5**に示します.注目するポイントは 2 つあります.1 つ目は,
CmaEsSampler の source_trials を指定しているところです.source_trials
オプションに過去の探索履歴を渡すことで,Warm Starting が有効になります.
この例では source_trials に前月のスタディにおけるすべてのトライアルを渡
しています.

リスト 4.4　Warm Starting CMA-ES を Optuna で利用するために
　　　　　　CmaEsSampler の source_trials を指定

```
source_study = optuna.load_study(
    storage="sqlite:////source-db.sqlite3",
    study_name="..."
)
study = optuna.create_study(
    sampler=CmaEsSampler(source_trials=source_study.trials),
    storage="sqlite:////db.sqlite3",
    study_name="..."
)
```

　もう 1 つは,機械学習モデルのデフォルトのハイパーパラメータを初期探索点
としていることです.これにより,探索の結果見つかったハイパーパラメータが,
デフォルトのハイパーパラメータよりも悪くならないことを保証します.

　ここで,AirTrack では,店舗への来訪予測に機械学習アルゴリズムの一種であ
る勾配ブースティングのフレームワーク XGBoost[22] を利用しています[23] の
で,XGBoost のデフォルトのハイパーパラメータを初期探索点に設定します.具
体的にはリスト 4.5 のように,study.enqueue_trial("alpha": 0.0, ...)
のように,enqueue_trial メソッドを使います.

リスト 4.5　enqueue_trial メソッドを使って探索対象のパラメータの値を直接指定

```
# 最初にXGBoostのデフォルトパラメータを挿入
# (デフォルトよりも悪くならないことを保証する)
study.enqueue_trial({"alpha: 0.0, ...})
study.optimize(optuna_objective, n_trials=20)
```

---

*22　https://xgboost.ai/　　(2023 年 1 月確認)

*23　https://cyberagent.ai/blog/tech/seminar/13460/　　(2023 年 1 月確認)

4.3.4 │ CmaEsSampler 以外を使いたい場合

Optuna v3.0.4 では, Warm Start に対応しているサンプラーは CmaEsSampler だけです. ほかのサンプラーを使いたい場合にはどうしたらよいでしょうか？

1つ考えられる方法は, 過去の探索結果のうち, 最もよかった点を探索点として追加することです. つまり, 過去の最適化で見つかったハイパーパラメータをベースラインとして探索候補に追加することで, 過去の有望領域を中心に探索が進むことを期待します. また, その評価値が期待ほどよくなかったとしても, 少なくとも前回のハイパーパラメータより悪化することを防ぐことができます. 具体的には, 3.4 節で紹介した Optuna の enqueue_trial という機能を使います. **リスト 4.6** にコード例を示します.

リスト 4.6 過去の最良ハイパーパラメータを探索初期点に設定

```
import optuna

source_study = optuna.load_study(
    storage="sqlite:////source-db.sqlite3",
    study_name="...",
)
study = optuna.create_study(
    storage=storage,
    study_name="..."
)

# XGBoostのデフォルトのパラメータを探索点に追加
study.enqueue_trial({"alpha: 0.0, ...})

# 例1：前回の探索で最も評価値のよかった点を探索点として追加
study.enqueue_trial(source_study.best_params)

# 例2：前回の探索で評価値のよかった上位3点を探索点として追加
for trial in sorted(source_study.trials, key=lambda t: t.value)[:3]:
    study.enqueue_trial(trial.params)

study.optimize(objective, n_trials=...)
```

まず, リスト 4.5 と同様に XGBoost のデフォルトのパラメータを最初のトライアルの探索点として追加します. 次に, リスト 4.6 中の例1で, source_study.best_params によって過去のスタディで最も評価値のよかったトライアルのパラメータの値を探索点として追加します.

また, リスト 4.6 中の例2では, source_study のトライアルを value で昇順

にソートして，上位 3 件を探索点として追加しています．このように，追加する過去の探索点は，必ずしも最良点だけにこだわる必要はありません．

4.4　オンライン広告入札システムの　実行環境の最適化

　以下では，2021 年 6 月に開催された第 1 回 Optuna Meetup での磯田浩靖氏と栗原秀馬氏によるオンライン広告入札システム "Logicad" [*24] の事例を紹介します．

　オークション形式の広告配信では，広告枠が設定されている Web サイトにユーザが来訪すると，SSP（supply-side platform）が広告を出す権利に関するオークションを開きます（**図 4.7**）．そして，SSP は広告を出す側である DSP（demand-side platform）にオークションの開催の通知と入札リクエストを送ります．DSP は入札リクエストに対して参加するかどうか，および，参加する場合は希望額を SSP に伝えます．そして，基本的に時間内に最も高い金額を提示した DSP が掲載権利を獲得（落札）します．

　オークションの開催期間は非常に短く，磯田氏らによると 100 ミリ秒間とされ

図 4.7　オンライン広告オークションの概要

（SSP は DSP にオークションの開催の通知と入札リクエストを送る．DSP は入札リクエストに対して参加の有無，および，参加する場合は希望額を SSP に伝える．時間内に最も高い金額を提示した DSP が掲載権利を獲得する）

---

*24　https://www.slideshare.net/hiroiso/jvmoptuna-optuna-meetup-1 （2023 年 1 月確認）

ています．開催期間を過ぎると，入札の権利がなくなってしまいます．さらに，磯田氏らによると DSP では 1 秒間に約 40 万件の入札リクエストを処理する必要があり，大量の入札リクエストを安定して処理する必要があります．SSP からの入札リクエストを処理しきるだけの性能がなければ，オンライン広告は掲載できません．これには，通信時間を考慮とすると，5 ミリ秒以内でレスポンスを返さなければいけないことになります．そこで，磯田氏らは，入札リクエストを処理する計算環境のパラメータを Optuna で最適化することで，短時間，かつ安定して入札を実行できることを目指しました．

4.4.1 │ **JVM のガベージコレクションとスループット**

上記の Logicad は Java で書かれたソフトウェアです．Java では，メモリの割当てや解放を JVM（Java virtual machine）[*25] に任せることができます．磯田氏らは，この JVM の最適化を試みています．一方，JVM ではガベージコレクション（garbage collection; GC）を行う際に，アプリケーションの処理が一時的に停止するため，リアルタイム性が損なわれることがあります．そこで，Optuna を使用したブラックボックス最適化によって GC を適切に設定し，アプリケーションの停止時間と停止頻度を小さくして，スループット（throughput，システム全体の単位時間あたりの処理量）を保つことを目指しました．

なお，Java の GC には SerialGC，G1GC や ZGC などさまざまな種類がありますが，磯田氏らはその中でも停止時間が短いことをうたっている ZGC を用いています．

磯田氏らが Optuna で最適化したパラメータは**表 4.2** の 7 つです．そのうち 6 つが整数型のパラメータで，1 つが浮動小数点数型のパラメータです．

Optuna でこれらの JVM のパラメータの組合せを決定し，アプリケーションの起動スクリプトに渡します．アプリケーションが起動したら，JMX（Java management extensions）[*26] で性能の評価値を定期的に収集します．また，本事例では，最適化

[*25] Java のソフトウェアを実行する仮想マシンと呼ばれるソフトウェアのこと．

[*26] Java アプリケーションを監視・管理するためのツール
https://docs.oracle.com/cd/E82638_01/jjdev/using-JMX.html
（2023 年 1 月確認）

表 4.2　最適化対象のパラメータ（GC のコマンドライン引数）

コマンドライン引数	型	最小値	最大値
-XX:MinHeapSize	整数	32	80
-XX:MaxHeapSize	整数	32	80
-XX:ConcGCThreads	整数	1	28
-XX:ParallelGCThreads	整数	1	28
-XX:ZAllocationSpikeTolerance	浮動小数点数	1	10
-XX:ZFragmentationLimit	整数	1	100
-XX:ZMarkStackSpaceLimit	整数	1	32

のための評価値として，1 秒間に処理できるクエリ数（queries per second; QPS，クエリ毎秒）の 5 分間平均が用いられています．

4.4.2 │ 枝刈りによる Optuna 探索の高速化

4.4.1 項までで最適化の仕組み自体は完成していますが，本事例では，Optuna の実行時間を短縮することを目的として，さらに適切な枝刈りを行って探索の効率化を図っています．**図 4.8** に，枝刈りによる探索の高速化の効果を Optuna Meetup の発表資料[*27] から引用して示します．ここで，磯田氏らは，はじめから性能が出ないパラメータでは，しばらく待っても大幅に性能が改善しにくいことに注目し，そのようなパラメータを枝刈りすることで最適化にかかる時間を短縮しています．

図 4.9 はこの方法で枝刈りした際のスループット（QPS）を表しています．図 4.9 の 21:20 までは最適化した JVM パラメータ，21:20 以降はデフォルトの JVM パラメータが使われています．各パラメータでの最大スループットをみると，デフォルトの設定では約 3000 QPS であるのに対して，最適化したパラメータでは約 6000 QPS と約 2 倍の改善がみられます．これは，単純にいえば，使用するサーバの台数を半分にすることができることを意味します．これによって，ハードウェアにかかるコスト，ソフトウェアライセンスにかかるコストを減らすことができ，より利益を上げることが可能になります．本事例は，ブラックボッ

[*27] https://www.slideshare.net/hiroiso/jvmoptuna-optuna-meetup-1 （2023 年 1 月確認）

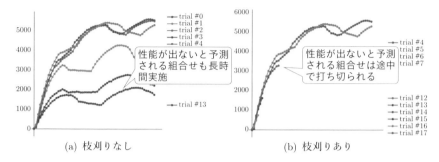

図 4.8　枝刈りによる Optuna 探索の高速化の効果

（横軸は時間，縦軸は QPS（queries per second，クエリ毎秒））

（Optuna Meetup の発表スライド [*28] から引用）

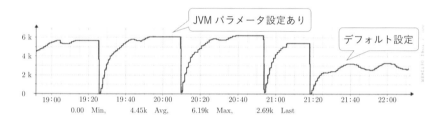

図 4.9　GC のパラメータ最適化による効果

（Optuna Meetup の発表スライド [*29] から引用）

クス最適化がビジネスの利益に直結するという興味深い例といえます．

4.5　クッキーレシピの最適化

　本節では，いままでとちょっと変わった事例を取り上げます．お菓子を手づくりした経験のある人は，お菓子づくりがいかに繊細かつノウハウに満ちているかを知っていることでしょう．わずかな材料の量の違いででき上がりの味わいや香

[*28]　https://www.slideshare.net/hiroiso/jvmoptuna-optuna-meetup-1
　　　（2023 年 1 月確認）

[*29]　https://www.slideshare.net/hiroiso/jvmoptuna-optuna-meetup-1
　　　（2023 年 1 月確認）

りが大きく異なり，混ぜ合わせた回数や焼く温度・時間の違いで食感や味のコントラストが明らかに変化します．目分量は禁物，材料を正確に測り，温度を適切に管理して，専門家のレシピを厳密に守るのが成功の鍵です．このため，お菓子づくりは時に科学実験にたとえられます．

しかし，有名なレストランに行ったけど，思ったほど美味しく感じなかったという経験は誰にでもあるでしょう．専門家がよいとしている味わいや香りがあなたにぴったりである保証はありません．どうしたら，あなたにとって最高のレシピをつくることができるでしょうか？

本節では，Googleの研究者によるチョコチップクッキーのレシピの最適化の事例を紹介します [37]．クッキーの材料の分量などをパラメータ，人による美味しさを評価値として，ブラックボックス最適化を行っています．なお，本事例ではOptunaではなく，Google Vizier*28 が使われていますが，再現実験したい方もいると思いますので，本節の最後にOptunaでの再現実験用ノートブックを示します．

クッキーのレシピは，次のようにブラックボックス最適化を行うに適した3つの特徴をもちます．

- パラメータが比較的少ない
- 1回の実験あたりの人的・時間的コストが比較的大きい
- 問題の複雑さや結果が，多くの人にとってわかりやすい

クッキーの主な材料は小麦粉，砂糖，卵，香辛料，香味料，チョコレート，ナッツなどとシンプルです．調整するのは基本的にこれらの種類や量になるため，調整対象のパラメータも比較的少なめです．ケーキの場合，クリームの種類や量などパラメータはさらに増えます．評価は，でき上がったクッキーを評価者に試食してもらうことで行います．1日に1回のみの試食と設定すると，1回の評価（つまり1トライアル）に1日かかります．Googleの実験では，144回（営業日換算で約7か月！）のトライアルが行われており，最適化結果を得るまでにかなりの時間が費やされています．

---

*28　Google Vizier は Google の提供しているブラックボックス最適化サービスです．ガウス過程を使い，期待改善量を最大化します．ガウス過程や期待改善量については，6.2 節を参照してください．

4.5.1 │ 実験の設定

　実験は 2 回に分けて行われました．最初の実験は Google のピッツバーグにあるオフィスで，2 回目の実験は Google のカリフォルニア本社で行われました．まずピッツバーグで小規模な実験を行い，その結果を踏まえてカリフォルニアで本格的な実験が行われています．いずれの実験も，内容は共通しています．

①　最適化対象とする材料の量を Google Vizier で決める
②　プロのシェフがレシピをもとにクッキーを焼く
③　クッキーを試食して，評価する
④　評価を Google Vizier に入力
⑤　手順①に戻る

　まず，Google Vizier を使って，砂糖やチョコチップの量など最適化対象とする材料の量（パラメータ）を決めます．次に，レシピをもとにクッキーを焼きます．ここで，プロのシェフにお願いして安定した技術で調理することで，調理のよし悪しに左右されず，レシピのよし悪しを評価します．次に，実験参加者全員でクッキーを試食して，評価を行います．このように実験参加者個々の主観的な評価になるため，後述するように評価の基準に工夫をしています．

　最後に，評価値を Google Vizier に入力して，ガウス過程のモデルの更新を行います．これにより，今日のレシピと評価値を踏まえて，明日のレシピを決定します．

4.5.2 │ ピッツバーグでの小規模実験

　Google のピッツバーグにあるオフィスで行われた最初の実験は，1 回の実験で 20 個のクッキーをつくる（＝試食をする実験参加者 20 名）という小規模なものでした．そして，90 ラウンド（ここで，ラウンドは Optuna のトライアルに相当）の試作とフィードバックが行われました．

　初日のパラメータの探索空間を**表 4.3** に示します．塩，砂糖，チョコチップの量や種類が調整対象のパラメータに指定されています．これらの範囲は，インターネットなどから集めた多種多様なレシピをできるだけ多くカバーするように設定されました．最小値は，最大値の 50％ を超えないように設定されています．た

表 4.3　最初期の最適化対象のパラメータ[37]

材　料	型	範　囲
塩〔小さじ〕	浮動小数点数	0, 1/8, 1/4, 3/8, 1/2
砂糖の総量〔g〕	整数	最小 150，最大 500
ブラウンシュガー〔%〕	浮動小数点数	最小 0，最大 100
バニラエッセンス〔小さじ〕	浮動小数点数	1/4, 3/8, 1/2, 5/8, 3/4, 7/8, 1
チョコチップ〔g〕	整数	最小 114，最大 228
チョコチップの種類	カテゴリカル	ダーク，ミルク，ホワイト

だし，最大値や最小値，最適化対象の材料は実験が進むにつれて変更されています．最適化の過程で，値が範囲の端に近づいたり，調理を担当するシェフの提案があったりしたためです．例えば，最終的なクッキーには，カイエンペッパー（唐辛子）が入っているのですが，最初期のレシピには含まれていません．

　パラメータの型をみていくと，チョコチップの種類はダーク，ミルク，ホワイトの 3 種類から選ぶので，これにはカテゴリカル型が使われています．そのほかの材料は量で測ることができるので，数値として扱われています．キッチンスケール（調理用のはかり）で測る砂糖やチョコチップの量は連続値で，計量スプーン（小さじ単位）で測る塩やバニラエッセンスは離散値となっています．日本のレシピでも，小さじ 1/4，1/2 という記述はよくみられます．一方，小さじ 0.712 といった記述は調理の実状に合いません．また，表 4.3 にない材料は量が固定されています．つまり，小麦粉 167 g，バター 125 g，卵（溶き卵）30 g，ベーキングパウダー小さじ 0.5 です．すべてのレシピに共通して 175 °C に予熱したオーブンで 14 分間焼きます．

　試食は平日の午後 4:20 と時間を決めて行っています．社内のメーリングリストで試食者を募り，毎回同じレシピで焼かれた基準クッキーと各回で試作したクッキーで味を比較してもらい，基準クッキーを中央値としたスコアを 5〜7 段階で回答してもらいます．こうして，1 回の試作につき，平均して 31 件の評価値を得ています．

　最終的に最も評価値が高かったクッキーのレシピを**表 4.4** の「ピッツバーグ」列にまとめています．当初は材料に入っていなかったカイエンペッパーやオレンジエッセンスが加わっていたり，最適化の対象外だったバターの量がパラメータに追加されていたりしています．また，砂糖の総量も，108 g と当初の探索範囲の下

表 4.4　基準クッキーと各実験で最も評価値の高かったクッキーのレシピ[37]

材　料	基準クッキー	ピッツバーグ	カリフォルニア
小麦粉〔g〕	167	167	167
チョコチップの種類	ミルク	ダーク	ミルク
チョコチップの量〔g〕	160	196	245
ベーキングパウダー〔小さじ〕	1/2	1/2	0.6
塩〔小さじ〕	1/4	1/4	1/2
カイエンペッパー〔小さじ〕	0	1/4	1/8
砂糖〔g〕	300	108	127
ブラウンシュガー〔%〕	50	88	31
ホワイトシュガー〔%〕	50	12	69
卵（溶き卵）〔g〕	30	30	25.7
バター〔g〕	125	129	81.3
オレンジエッセンス〔小さじ〕	0	3/8	0.12
バニラエッセンス〔小さじ〕	1/2	1/2	3/4
温度〔°C〕	175	175	163

限としていた 150 g より少なくなっています.

4.5.3 ｜ カリフォルニア本社での大規模実験

　ピッツバーグの小規模実験をもとにしたカリフォルニア本社での大規模実験では, 1 レシピあたりのクッキーの量が約 1000 個に増加しています. そのほか, クッキー生地は前日に混ぜておき 24 時間寝かせ, 焼いてから食べるまでの時間が約 2 時間に延長されるなど, 実験の設定にいくつか変更が加えられています.

　また, 基準クッキーは使われず, かわりに評価値を定義した表が用いられています (**表 4.5**).

　1 回の試作あたり平均 55.8 人分の評価値が得られ, 54 ラウンドの試作とフィードバックが行われました. その結果, 最も評価の高かったクッキーの平均評価値は 5.4 で, 5（とてもおいしいクッキー）と 6（すばらしい. 群を抜いている）の間となりました.

表 4.5　クッキーの評価値

（文献 [37] より引用）

評価値	評価の説明
1	まずい．二度とつくらないでほしい
2	美味しくない．もっと美味しいクッキーがたくさんある
3	まずまずだけど，印象的ではない
4	美味しいクッキーだけど，特筆すべきものではない
5	とても美味しいクッキー
6	すばらしい．群を抜いている
7	これまでに食べた中で最高に近いチョコチップクッキー

4.5.4 ｜ 最も評価の高かったクッキーのレシピ

　表 4.4 にピッツバーグの小規模実験で使われた基準クッキーと，2 つの実験で最も評価値の高かったクッキーのレシピをまとめました．それによると，予想とかけ離れたレシピのクッキーが高評価を得たという興味深い結果が得られています．カリフォルニア本社の大規模実験で最も評価の高かったレシピでは，チョコチップの量が一般的なレシピと比べてかなり多くなっています（基準クッキーのレシピの 50％ 増し，ピッツバーグで最も評価の高かったレシピと比べて 25％ 増し）．一方，ピッツバーグで最も評価の高かったレシピでは，カイエンペッパーがカリフォルニアで最も評価の高かったレシピの 2 倍入っています．また，バターは，ピッツバーグで最も評価の高かったレシピが基準クッキーよりもやや多くなったのに対して，カリフォルニアで最も評価の高かったレシピでは基準クッキーの65％ とかなり減っています．

　実際，文献 [37] をもとに，ピッツバーグとカリフォルニアでそれぞれ最も評価値の高かったクッキーを筆者自ら再現してみました．図 **4.10** にそれらの写真を示します．どちらのレシピも，日本で見かけるレシピと比べると，砂糖，バター，チョコチップともに量がとても多いのですが，試食してみると，少なくとも筆者にとっては甘すぎたり重すぎたりすることもなく，美味しく感じられました．

　ピッツバーグで最も評価値の高かったクッキーはバターの量が多いため，オーブンで焼いている途中にバターがかなりしみ出してきて，底のほうが揚げたようになりました．結果的に，クリスピーな食感となりました．また，カイエンペッ

(a) ピッツバーグで最も評価値の　　　(b) カリフォルニアで最も評価値の
　　高かったクッキー　　　　　　　　　　高かったクッキー

図 4.10　筆者の再現した最も評価値の高かったクッキー

パーの入ったクッキーを筆者は初めて食べましたが，舌にややピリピリとした刺
激が少しあるくらいで，辛いと感じるほどではありませんでした．むしろ，ダー
クチョコレートの苦みを引き立てて，クッキーを美味しくしていると感じました．

　対して，カリフォルニアで最も評価値の高かったクッキーは，レシピをみたと
きにはさすがにチョコチップの量が多すぎるのでは？　と思いましたが，焼き上
がってみれば，それほど見た目におかしくはありませんでした．合わせて，カイ
エンペッパーの量がピッツバーグと比べて抑えられていることもあってか，チョ
コレートがたっぷり入った美味しいクッキーでした．

4.5.5 │ Optuna で実験を再現するには

　ここまで読まれて，ブラックボックス最適化により，自分のベストクッキーを
つくりたくなった方もいらっしゃるのではないでしょうか？ Optuna で，この再
現実験を行うためのノートブック[*29] を用意しましたので，ぜひ一度試してみて
ください．

　ここで，文献 [37] の実験で使われたのは Google Vizier でしたが，Optuna で
同様のことをする場合のポイントは下記の 2 点です．

- ガウス過程を使ったパラメータの決定方法
- シェフの助言にもとづいてパラメータを直接修正する方法

---

*29 https://github.com/pfnet-research/optuna-book/blob/main/chapter4/
　　 list_4_bayesian_cookie.ipynb　　（2023 年 1 月確認）

Optuna でガウス過程を使うには，サンプラーとして `optuna.integration.BoTorchSampler` を指定します．また，シェフの助言にもとづいてパラメータを直接修正するには，スタディにトライアルを追加する `study.add_trial` を使います．`BoTorchSampler` は完了したトライアル以外を無視するので，もとのトライアルはそのままにしておいて，単に新しいトライアルとしてシェフの助言にもとづいたパラメータを登録することができます．筆者の用意した再現実験を行うためのノートブックでは，これら 2 点を実装済みです．

　一方，本事例では各所で人が関与します．クッキーをつくるシェフも人ですし，クッキーを食べて評価する実験参加者も人です．不安定な要素が入ってきますので，実験環境のフレキシビリティが成功の鍵となります．本事例のように人が深くかかわるタスクでは，機械の出力をそのまま用いるのではなく，**人が関与する最適化**（human-in-the-loop）をどのように反映するかがポイントであると考えられます．Google Vizier も Optuna も，そうしたニーズに応えられるよう，フレキシブルなインタフェースを提供しています．自動化できないところが多いタスクでも，本事例を参考にぜひブラックボックス最適化を試してください．

4.6　ニューラルアーキテクチャサーチ

　本節では，**ニューラルアーキテクチャサーチ**（neural architecture search; **NAS**）と呼ばれる，ニューラルネットワークのアーキテクチャを自動で探索する技術に，Optuna を適用した事例を紹介します．まずはニューラルネットワークとアーキテクチャ探索，および，NAS とブラックボックス最適化の関係について簡単に説明します．

4.6.1 ｜ ニューラルネットワークとアーキテクチャ探索の重要性

　深層学習では，ニューラルネットワークと呼ばれる，脳内の神経細胞（ニューロン）のネットワーク構造を模した数理モデルを使用します．**図 4.11** はニューラルネットワークのイメージです．

　図中の丸は「入力エッジから取得したデータに対して，何らかの操作を適用し，その結果を出力エッジに流すニューロン（ノード）」を，矢印はデータの流れを表

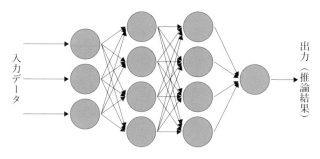

図 4.11　ニューラルネットワークモデルのイメージ

しています．各ノードは重み（weight）と呼ばれるパラメータ群を保持します．ニューラルネットワークモデルは，用意されたデータセットから，この重みの適切な値を自動で学習することで，対象となるタスクに適した動作を行えるようになります．

　ノードの数やノードどうしの接続関係，適用する操作の種類，あるいは各ノードの重みの数といったネットワークの構造（アーキテクチャ）を変更することで，モデルの表現力や性質は変化します．

　図 4.11 のモデルは 4 層からなる単純な形をしていますが，深層学習では，ネットワークの層を深くすることで，モデルの表現力を高めます．そのため，実際には数十以上の層からなるネットワークも珍しくありません．そのような巨大なネットワークの構造を考えたり最適化したりするのは簡単な仕事ではないため，NASのような，自動でアーキテクチャを探索する手法の研究が活発に行われています．

　また，深層学習モデルの現実問題への適用という面でも NAS の需要は高まっています．

　一般に，深層学習では，モデルを大きくするほど，推論精度を向上させやすくなることが知られています [15]．しかし，モデルが大きくなればなるほど，モデルを動かすために必要となるメモリや，推論にかかる時間も増えてしまいます．深層学習モデルを動かす環境が，常に CPU や GPU などの計算リソースやメモリを潤沢に備えているとは限りません．また，例えば，自動車の自動運転で使用されるモデルの場合は，リアルタイムに動作しないと重大な事故につながる危険性があるため，推論速度がとても重要になります．このように，現実問題への適用を考えると，単に推論精度を追求するだけでは不十分で，複数の指標を総合的に考慮したうえで，対象タスクに適したアーキテクチャを有するモデルを選定する

表 4.6　デバイスによるモデルの推論時間の違い [5]

モデル名	精度	GPU	CPU	モバイル
Proxyless（GPU 向け）	75.1%	**5.1 ms**	204.9 ms	124 ms
Proxyless（CPU 向け）	75.3%	7.4 ms	**138.7 ms**	116 ms
Proxyless（モバイル向け）	74.6%	7.2 ms	164.1 ms	**78 ms**

必要があります.

　さらに, モデルのデプロイ先も多様化しており, クラウドだったり, スマートフォンだったり, Raspberry Pi のようなシングルボードコンピュータだったりと多岐にわたります. デプロイ先のデバイスが備えているハードウェアによって最適なアーキテクチャは変わります. その一例として, Proxyless NAS というアルゴリズムを提唱した論文 [5] から引用した**表 4.6** をみてみましょう.

　表の最初の列は「どのデバイス向け*30 にアーキテクチャ探索が行われたか」を示しています. 残りの列には, 発見されたアーキテクチャを使って学習したモデルの推論精度と各デバイスで動作させた場合の推論時間が掲載されています.

　この表の, 例えば GPU 向けに最適化された Proxyless NAS の推論時間をみてみると, GPU 上では最も高速に動作していますが, CPU 上とモバイル上では逆に最も遅くなってしまっています. ほかのモデルも同様の傾向があり, この結果からは, どのデバイスでも高速に動作する単一のアーキテクチャが存在しないことがわかります.

　NAS の技術の発展によって, 対象タスクの要件やデプロイ先デバイスの性質を考慮したアーキテクチャをもつモデルの探索が簡単に行えるようになることが期待されています.

4.6.2 ｜ NAS とブラックボックス最適化

　大きな枠組としては, NAS とブラックボックス最適化には共通する部分が多くあります.

　図 4.12 は *Neural Architecture Search: A Survey* という論文に掲載されてい

---

*30　具体的には, CPU は Intel Xeon CPU E5-2640 v4, GPU は NVIDIA V100, モバイルは Google Pixel 1 です.

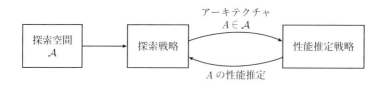

図 4.12　NAS の枠組[7]

る，NAS の枠組を記した図です[7]．試しに図中の探索空間，探索戦略，性能推定戦略を，それぞれサジェスト API，サンプラー，目的関数と置き換えてみてください．なんだか Optuna を使って探索が行えそうな気がしてきませんか？

　実際に，NAS に関する論文で，ブラックボックス最適化の技法を活用しているものは少なくありません．例えば，2018 年に画像分類タスクでの SOTA[*31] を更新した AmoebaNet というモデルは，Regularized Evolution という進化計算アルゴリズムベースのブラックボックス最適化手法によって発見されています[32]．

　また，2021 年には EfficientNetV2 という SOTA モデルが発表されています[40]．これは，推論精度(最大化)とモデルの大きさ(最小化)，学習にかかる時間(最小化)の 3 つの指標を用いた多目的最適化によって発見されたモデルです．EfficientNetV2 の論文内では，探索手法の詳細については触れられていませんが「強化学習やランダムサーチが使用可能」との記述があります[*32]．

　一方，NAS 特有の難しさとしては，目的関数の 1 回の評価にとても時間がかかるという点があげられます．深層学習モデルのアーキテクチャを評価する最も単純な方法は，実際にモデルを学習させてみて，その推論精度を評価することですが，深層学習モデルの学習には数時間から数日の時間を要することが珍しくありません．さらに，ブラックボックス最適化を適用する場合には，そのサイクルを最低でも数十回以上繰り返す必要があるため，膨大な時間になってしまいます．

　そのほかにも，推論速度などのハードウェア依存の評価指標を探索時にどうやっ

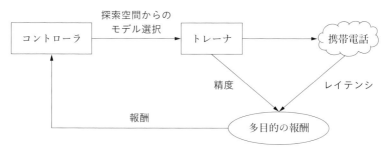

図 4.13　MNAS の枠組 [39]

て取得するかという課題があります.

　2018 年に MNAS（mobile neural architecture search）という手法を提案した論文 [39] では，モデルの推論精度と，Google Pixel 1 上での推論速度の 2 つを指標として，強化学習による探索を行っています（**図4.13**）. この MNAS では，モバイル端末での速度計測まで自動化し，探索時に実測することで上記の課題に対処していますが，そのような仕組みを用意することは簡単ではないので，広く適用可能なアプローチとはいえません.

　このような課題については，さまざまな対処方法が考案されており，そのうちの 1 つを，この後に続く NAS の事例紹介の中で取り上げています.

4.6.3 ｜ 自律移動ロボット向けセマンティックセグメンテーションモデルの探索

　ここからは，Preferred Networks 社が 2021 年 5 月に公開した記事[*33] をもとにして，Optuna を使った NAS の事例を紹介します.

(1)　探索目的

　本事例では，自律移動ロボット上で動作するセマンティックセグメンテーション用のモデルのアーキテクチャを探索対象としています. セマンティックセグメンテーション（semantic segmentation）とは，入力画像の各領域にラベルを付与するタスクのことであり，入力画像から障害物や通行可能な道を識別するためな

---

*33　https://tech.preferred.jp/ja/blog/nas-semseg/　（2023 年 1 月確認）

どに利用されます．今回の自律移動ロボットの用途ではリアルタイム性が重要となるため，精度が高くても推論にかかる時間が長くては意味がありません．そのため推論精度[*34]と推論時間の2つの指標を用いた多目的最適化が適用されています．

(2) 探索空間

本事例で基本とするセマンティックセグメンテーションモデルは，**図4.14**のように，入力画像から特徴量（潜在表現）を抽出するエンコーダ（MobileNetV2[34]）と，特徴量からセグメンテーションラベルを生成するデコーダ（畳み込み層1層）によって構成されています．

エンコーダとして使用されている MobileNetV2 というモデルは，Inverted-Residual と呼ばれるブロック[*35]の列から構成されており，今回はこのブロックに関するハイパーパラメータを探索対象としています（**図4.15**）．

具体的には，各ブロックの構造を決定するカーネルサイズ（kernel size）および膨張比（expansion ratio）と呼ばれるハイパーパラメータが最適化の対象となります．それらに加えて，各ブロックをスキップするかどうかも Optuna を使って決定します．スキップが選択された場合，ブロック全体が恒等関数（identity function）と呼ばれる，入力をそのまま出力に渡す関数に置き換わります．

リスト4.7にこの探索空間のサンプルコードを示します[*36]．

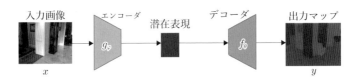

図 4.14　セマンティックセグメンテーションモデルのイメージ[23]

[*34] 正確には mean Intersection over Union というセマンティックセグメンテーションでよく利用されている指標です．

[*35] ニューラルネットワーク内に繰り返し登場する，再利用可能なサブネットワークのことをブロックと呼ぶことがあります．

[*36] リスト 4.7 も含めて，これ以降に出てくるコードはあくまで読者の理解を助けるためのサンプルコードであり，本事例で実際に使用されたコードと異なります．

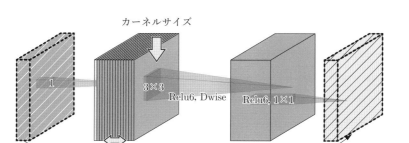

カーネルサイズ

1

3×3
Relu6, Dwise　　Relu6, 1×1

膨張比

+

図 4.15　InvertedResidual ブロックと探索箇所
（文献 [34] の図に，探索箇所を示す矢印を追加）

リスト 4.7　探索空間のサンプルコード

```
def objective(trial):
    n_blocks = 21  # ベースライン（通常のMobileNetV2）は17個
    blocks = []
    for i in range(n_blocks):
        # ブロックをスキップするかどうか
        #
        # ブロックによってはスキップしてはいけないものもある
        # それらはcan_skip関数で判定
        skip = can_skip(i) and trial.suggest_categorical(
            f"skip_{i}", [true, false])
        if not skip:
            blocks.append(InvertedResidualBlock(
                # カーネルサイズ：MobileNetV2では常に3
                kernel_size=trial.suggest_int(
                    f"kernel_size_{i}", 3, 7, step=2),

                # 膨張比：MobileNetV2では常に6
                expansion_ratio=trial.suggest_int(
                    f"expansion_ratio_{i}", 3, 6, step=3),

                # そのほかの引数
                ...
            )
    encoder = MobileNetV2(blocks)

    # セグメンテーションモデルを作成して，学習および評価
    ...

    return accuracy, latency

# i番目のInvertedResidualブロックがスキップ可能ならTrueを返す関数
```

```
def can_skip(i):
    ...
```

(3) 探索方法

探索には，多目的最適化のデフォルトサンプラーである NSGAIISampler を使用しています（**リスト 4.8**）．

リスト 4.8　NSGAIISampler を使用するスタディの作成

```
study = optuna.create_study(
    sampler=optuna.samplers.NSGAIISampler(population_size=20),
    directions=["maximize", "minimize"] # 精度は最大化で，推論時間は最小化
    ...
)
```

また，本事例では推論時間が短くなるアーキテクチャを優先的に探索したいので，3.4.1 項で紹介した enqueue_trial メソッドを用いて推論時間が最も短くなるであろうアーキテクチャを事前を登録しています．

リスト 4.9　推論時間が短いモデルを重点的に探索するための工夫

```
# 最も小さなアーキテクチャが，必ず探索されるように事前に登録
study.enqueue_trial({
    f"skip_{i}": can_skip(i),    # スキップ可能なブロックはすべてスキップ
    f"kernel_size_{i}": 3,       # カーネルサイズは3に固定
    f"expansion_ratio_{i}": 3    # 膨張比は3に固定
    for i in range(21)
})

# 後は通常どおり最適化を実施
study.optimize(objective, ...)
```

4.6.2 項では，ブラックボックス最適化を用いた NAS には，推論精度の評価に時間がかかる，および，デバイス依存の推論時間の評価を探索時に行うのが難しい，という課題があることを述べました．

本事例では，最初の課題への対応として，探索時には学習のエポック数を通常の 1/10 に設定しています．これにより，1 回のトライアルにかかる時間を平均 3 時間程度に抑えています．

2 番目の課題については，実測値のかわりに推論時間の推定値を探索時に使用することで対処しています．具体的には，事前に探索空間を構成する各コンポー

ネント単位（InvertedResidual ブロックなど）での推論時間を実機で計測しておき，探索時には，対象アーキテクチャに含まれるコンポーネント群の事前計測結果を合算して推論時間として扱っています．簡略化されたものではありますが，**リスト 4.10** のコードがこの処理を理解するための参考になるかと思います．

リスト 4.10　実機での推論時間を推定するサンプルコード

```python
# 探索前の事前準備
# InvertedResidualブロックの全パターン（126個）を列挙し，実機で計測してお
く
latency_lookup_table = {}
for i in range(21):
    for k in [3, 5, 7]:
        for e in [3, 6]:
            block = InvertedResidualBlock(
                kernel_size=k, expansion_ratio=e, ...)

            # 実機での推論時間を計測
            latency_lookup_table[(i, k, e)] = \
            measure_actual_latency(block)

# サンプリングされたモデルのハイパーパラメータから推論時間を推定する関数
def estimate_latency(params):
    estimated_latency = 0

    # 事前に計測したブロック単位の結果から，モデルの推論時間を見積もる
    for i in range(21):
        k = params[f"kernel_size_{i}"]
        e = params[f"expansion_ratio_{i}"]
        estimated_latency += latency_lookup_table[(i, k, e)]

    return estimated_latency  # この値を目的関数の結果として返す
```

図 4.16 (a) は，探索空間からランダムにサンプリングした各アーキテクチャに対して上記の方法を用いて推定した推論時間（縦軸）と実機での実測推論時間（横軸）をプロットした散布図です．両者にかなり強い相関があり，推論時間の推定値が実測値の代用としてよく機能していることがわかります．

また，推論に要するコストを測る指標としては，モデルの FLOPs（推論時に実行される浮動小数点演算の数）もよく使用されます．図 4.16 (b) は，モデルの FLOPs と実測推論時間の対応をプロットしたものですが，こちらではかなりばらつきが大きくなってしまっています．

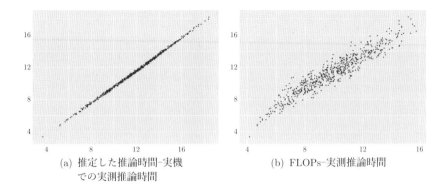

(a) 推定した推論時間-実機　　　　　　(b) FLOPs-実測推論時間
　　　での実測推論時間

図 4.16　実測値との相関

((a) にはかなり強い相関がみられる)

表 4.7　探索結果

モデル	精度	実機推論時間	探索所要時間	トライアル数
MobileNetV2	61.08 %	10.73 ms		
Optuna の最良モデル	61.70 %	8.75 ms	約 2500 GPU hours	約 700 回

(4) 探索結果

　表 4.7 は，本事例において，探索のベースとした MobileNetV2 と Optuna に
よる探索で見つかったアーキテクチャのモデルの比較結果です．これをみると，
MobileNetV2 と同等の推論精度を維持しながら，推論時間を 2 割程度短縮した
モデルを発見できていることがわかります．

　ただし，探索所要時間の列に注目すると，Optuna は探索のために 700 トライア
ルを実施しており，かなりの GPU リソースを使っています．本事例が実施された
時点では，Optuna は制約付き最適化に未対応でしたが，いまなら「MobileNetV2
よりも推論時間が短いもの」という制約を課すことで，より効率的な探索が行え
るでしょう．また，本事例のもとの記事には，推論時間が短い領域が重点的に探
索されるように探索空間を調整する，という工夫についての記載もあるため，興
味のある方はそちらを参照してください．

## CHAPTER 5

Optunaの
最適化の仕組み

本章では，Optunaがどのようにしてブラックボックス最適化問題を解いているのかについて，その仕組みを説明します.

Optunaがパラメータを選択する仕組みを理解することで，ブラックボックス最適化問題を解くアルゴリズムを理解する際の大きな助けとなるでしょう.

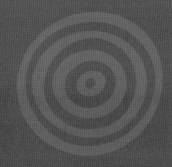

5.1　Optunaの柔軟なインタフェース

　Optuna では，ブラックボックス最適化のアルゴリズムをサンプラーとして実装しています．いいかえれば，個々のアルゴリズムにもとづいて，サンプラーが「試す価値の高い」パラメータの値を選択するわけです．

　一方，サンプラーは Trial クラスのサジェスト API の内部で呼び出されるため，ユーザが直接サンプラーの動作をみることはできません．以下では，サジェスト API が呼ばれたときの内部処理から，Optuna のパラメータ選択の仕組みを説明します．

　Optuna のサジェスト API は，探索空間の定義とパラメータの値の取得を一度に行います．この様子について，**リスト 5.1** に示す 2 つのパラメータを最適化する目的関数をもとにして具体的に説明します．この目的関数はリスト 2.14 と同じです．リスト 5.1 では max_depth=trial.suggest_int("max_depth", 2, 32) で，パラメータ max_depth は $[2, 32]$ の範囲の整数値であることを定義しています．また，trial.suggest_int の返り値としてパラメータ max_depth の値を取得しています．続く 3 行では同様にパラメータ min_samples_split を定義し，かつ，min_samples_split の値を取得しています．

リスト 5.1　2 つのパラメータを最適化する目的関数（リスト 2.14 を一部修正）

```python
import optuna

import pandas as pd
from sklearn.datasets import fetch_openml
from sklearn.ensemble import RandomForestClassifier
from sklearn.model_selection import cross_val_score

data = fetch_openml(name="adult")
X = pd.get_dummies(data["data"])
y = [1 if d == ">50K" else 0 for d in data["target"]]

def objective(trial):
    clf = RandomForestClassifier(
        max_depth=trial.suggest_int(
            "max_depth", 2, 32,
        ),
        min_samples_split=trial.suggest_float(
            "min_samples_split", 0, 1,
        ),
    )
```

```
    score = cross_val_score(clf, X, y, cv=3)
    accuracy = score.mean()
    return accuracy

# 変更点: 最適化結果を SQLite3 に保存
study = optuna.create_study(
    direction="maximize",
    storage="sqlite:///optuna.db",
    study_name="ch5-rf",
)
study.optimize(objective, n_trials=100)

print(f"Best objective value: {study.best_value}")
print(f"Best parameter: {study.best_params}")
```

　Python は上から順にコードを実行していくので，1 つ目のパラメータの値 max_depth と 2 つ目のパラメータの値 min_samples_split は，それぞれ別々のタイミングで決定されます．このため，サンプラーは探索空間の全体を知らない状態でパラメータの値を決定できる必要があります．

　多くのブラックボックス最適化のアルゴリズムでは，目的関数が呼ばれる前に，探索空間のすべてのパラメータが定義されていることが仮定されています．しかし，Optuna のサジェスト API ではこの仮定は成立しません．Optuna は，あえてこの仮定をなくすことにより，非常に柔軟なインタフェースを実現しています．例えば以下のように，探索空間が動的に変化する場合にも，Optuna は問題なく最適化を行うことができます．

① 探索空間が if 文による条件分岐を含んでいる（2.3.4 項参照）
② 探索空間が for 文による繰返しを含んでいる（3.2.1 項参照）
③ スタディの最適化途中に新しいパラメータが追加される（5.2 節参照）

5.2　独立サンプリング

　上記のとおり，Optuna のサンプラーはコードにおいて上の行で定義されているパラメータ max_depth の値を，その下の行で定義されているパラメータ min_samples_split より時間的に前に取得していました．このためには，各パラメータの値を独立して決定する仕組みが必要です．Optuna ではこのようなパ

トライアル	max_depth	評価値
0	18	0.760
1	32	0.760
2	23	0.798
3	24	0.770

↓

サンプラー

↓

トライアル	max_depth
4	29

(a) これまでに得られている max_depth と目的関数の評価値の組をもとにしてトライアル 4 の max_depth の値を決定

トライアル	min_samples_split	評価値
0	0.709	0.760
1	0.969	0.760
2	0.229	0.798
3	0.382	0.770

↓

サンプラー

↓

トライアル	min_samples_split
4	0.110

(b) これまでに得られている min_samples_split と目的関数の評価値の組をもとにしてトライアル 4 の min_samples_split の値を決定

図 5.1　Optuna の独立サンプリング

ラメータの値の決定方法を**独立サンプリング**（independent sampling）と呼んでいます.

図 5.1 は独立サンプリングのイメージです. (a) trial.suggest_int("max_depth", 2, 32) では，これまでに得られている max_depth と目的関数の評価値の組をもとにしてトライアル 4 の max_depth の値を決定します. そして，(b) trial.suggest_float("min_samples_split", 0, 1) では，これまでに得られている min_samples_split と目的関数の評価値の組をもとにしてトライアル 4 の min_samples_split の値を決定します.

この独立サンプリングによって，Optuna は柔軟性の高いインタフェースを実現しています. 例として，最適化対象に新たなパラメータを追加してから最適化を再開してみましょう. **リスト 5.2** では，目的関数に新たなパラメータ n_estimators を追加しています. RandomForestClassifier の n_estimators は，デフォル

ト値が 100 です*1 が，ここでは 10 から 200 までの整数値を探索するように指定しています．このように最適化の途中で探索空間に新たなパラメータを追加することも簡単にできます．

　最適化において，リスト 5.2 では optuna.load_study により既存のスタディを読み出し，使い回しています．このとき，max_depth のパラメータ選択ではリスト 5.1 で実行された 100 回分のトライアルの探索履歴がそのまま利用されます．min_samples_split についても同様です．n_estimators についてのみ，探索履歴がない状態からパラメータ選択が開始されます．

リスト 5.2　リスト 5.1 に新たなパラメータ n_estimators を加えたコード

```python
import optuna

import pandas as pd
from sklearn.datasets import fetch_openml
from sklearn.ensemble import RandomForestClassifier
from sklearn.model_selection import cross_val_score

data = fetch_openml(name="adult")
X = pd.get_dummies(data["data"])
y = [1 if d == ">50K" else 0 for d in data["target"]]

def objective(trial):
    clf = RandomForestClassifier(
        max_depth=trial.suggest_int(
            "max_depth", 2, 32,
        ),
        min_samples_split=trial.suggest_float(
            "min_samples_split", 0, 1,
        ),
        n_estimators=trial.suggest_int(
            "n_estimators", 10, 200,
        ),
    )

    score = cross_val_score(clf, X, y, cv=3)
    accuracy = score.mean()
    return accuracy

# study オブジェクトは再利用
study = optuna.load_study(
    storage="sqlite:///optuna.db",
```

---

*1　https://scikit-learn.org/stable/modules/generated/sklearn.ensemble.RandomForestClassifier.html　（2023 年 1 月確認）

```
    study_name="ch5-rf",
)
study.optimize(objective, n_trials=100)

print(f"Best objective value: {study.best_value}")
print(f"Best parameter: {study.best_params}")
```

逆に，リスト 5.2 から `n_estimators` の値をデフォルトの 100 に固定し，2 パラメータの目的関数に戻すことも可能です．独立サンプリングであるので，`n_estimators` の履歴が `max_depth`，`min_samples_split` のパラメータ選択には使われていないからです．

5.3　独立サンプリングの課題

　独立サンプリングには課題もあります．その 1 つは，各パラメータをそれぞれ独立に観測しているため，本来，最適解がないはずの場所に，最適解があると誤認する可能性があることです．どういうことか，**図 5.2** に示すような目的関数を例に説明します．この目的関数のパラメータは x と y で，それぞれ $[-4, 4]$ の範囲の値をとります．図の x 軸と y 軸がそれぞれパラメータ x, y に対応し，Objective Value 軸が評価値に対応しています．値が小さいほど評価値がよく，$(x, y) = (-2, -2)$ と $(x, y) = (2, 2)$ に 2 つの谷があるような構造をしています．

　このような 2 つの谷があるような目的関数は，パラメータが相互に関係する場合に相当し，現実の問題において往々にしてあてはまります．例えば，ニューラルネットワークの学習時，学習率を小さくすると，重みの更新幅は小さくなるので，相対的に長いエポックが適していることが知られていますが，これも学習率とエポック数が相互に関係していることが原因です．

　一方，独立サンプリングでは，x と y をそれぞれ独立して観測します．この様子を表したのが，**図 5.3** です．(a) では，目的関数を $y = 0$ に射影しているので $x = -2$ と $x = 2$ の 2 か所に谷があります．これは，y の値を考慮せずに次のトライアルの x の値を決める際，サンプラーにとってみえる探索空間に相当します．対して，(b) では，目的関数を $x = 0$ に射影しているので $y = -2$ と $y = 2$ の 2 か所に谷がみられます．

　つまり，**図 5.4** のように，独立サンプリングではあたかも $(x, y) = (-2, 2)$ と

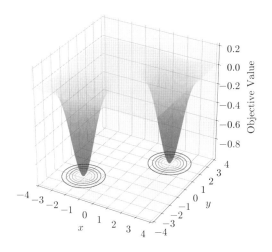

図 5.2　2 つの谷をもつ目的関数

(x 軸と y 軸はそれぞれパラメータ x, y に対応．Objective Value 軸が評価値)

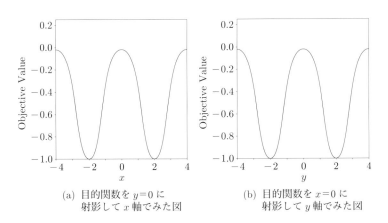

(a) 目的関数を $y=0$ に
射影して x 軸でみた図

(b) 目的関数を $x=0$ に
射影して y 軸でみた図

図 5.3　独立サンプリングでみえる探索空間

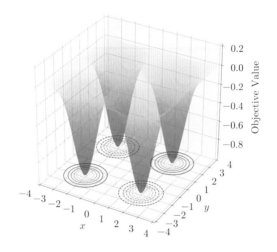

図 5.4　独立サンプリングでみえる探索空間

$((x, y) = (-2, -2), (2, 2)$ を中心とする 2 つの谷は目的関数に実際に存在す
る．しかし，独立サンプリングでは $(x, y) = (-2, 2), (2, -2)$ にも谷がある
かのようにみえてしまう）

$(x, y) = (2, -2)$ にも谷があるかのようにみえてしまいます．これによって，存在
しないはずの谷付近でも探索が行われてしまい，探索効率が悪くなる原因になり
ます．

5.4　同時サンプリング

Optuna では，こうした独立サンプリングの課題を**同時サンプリング**（joint
sampling）*2 と呼ばれる機能を導入することで解決しています．

この同時サンプリングとは，複数のパラメータを同時に選択するサンプラーの機
能です．例えば，リスト 5.1 の目的関数を同時サンプリングする場合について説明し

---

*2　同時サンプリングは，結合分布（joint distribution）からのサンプリングであるため "joint
sampling" と英訳されます．しかし Optuna では歴史的な事情により同時サンプリング
のことを "relative sampling" と呼んでいます．そのため，サンプラーに実装されてい
るメソッドも `sample_relative` のような名前となっています．

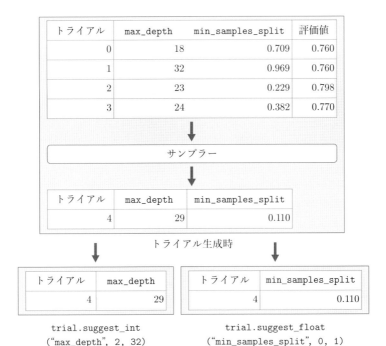

図 5.5　Optuna の同時サンプリング

（これまでに得られている複数のトライアルにおける max_depth と min_samples_split の両方の値，および，目的関数の評価値から，次のトライアルにおける max_depth と min_samples_split の両方の値を一度に決定する）

ます．**図 5.5** に示すように，トライアルの生成時点で，すでに存在している複数のトライアルにおける max_depth と min_samples_split の両方の値，および，目的関数の評価値から，次のトライアルにおける max_depth と min_samples_split の両方の値を一度に決定します．そして，trial.suggest_int("max_depth", 2, 32) では，トライアル生成時に決定された"max_depth"の値を返します．trial.suggest_float("min_samples_split", 0, 1) でも同様です．

　5.3 節の目的関数を最適化する際，独立サンプリングでは本来存在しない谷がみえるという問題がありましたが，同時サンプリングではそのような問題を回避できます．**図 5.6** に示すように，x や y を各成分に射影することなく，そのままみることができます．これによって，サンプラーは複数のパラメータ間の相互作

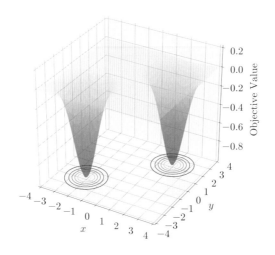

図 5.6 　同時サンプリングでみえる探索空間

（実際に存在する $(x, y) = (-2, -2), (2, 2)$ を中心とする谷をみることができる）

用を考慮することができ，最適化の性能を向上させることができます．

　さて，それでは同時サンプリングで選択されるパラメータと独立サンプリングで選択されるパラメータは，どのようにして定まるのでしょうか？　同時サンプリングによって選択されるパラメータは，トライアルの作成処理中に推定される探索空間によって定まります．Optuna のデフォルトの挙動としては，スタディのすべてのトライアルに共通するパラメータだけが同時サンプリングのための探索空間に含まれます．したがって，目的関数が if 文などで分岐している場合，あるトライアルにはあるけれど，別のトライアルにはないようなパラメータが存在しますが，そうしたパラメータは同時サンプリングのための探索空間に含まれません．探索空間の推定の結果，同時サンプリングから除外されたパラメータは，独立サンプリングによって選択されます．

5.5 　パラメータ選択の全体像

　本節では，Optuna のパラメータ選択の全体像について説明します．**図 5.7** に，Optuna において同時サンプリングと独立サンプリングが行われる流れを示しま

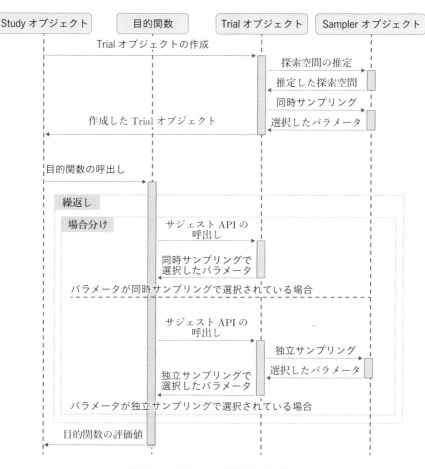

図 5.7 パラメータ選択の全体像

す．これは Study オブジェクトが 1 つのトライアルを実行する中で，どのような処理が行われているかを表したものです．処理が大きく以下の 2 段階に分かれていることが読み取れるでしょう．

① Trial オブジェクトの作成
② 目的関数の呼出し

前者の Trial オブジェクトの作成の中で同時サンプリングが実行され，後者の目的関数の呼出しの中で独立サンプリングが実行されます．具体的にどういうこ

となのか，順にみていきましょう．

　まず Study オブジェクトが，各トライアルの始めに Trial オブジェクトを作成します．次に，Trial オブジェクトが作成されると，その作成処理の中で Sampler オブジェクトに対して探索空間の推定を行う処理が呼び出されます．ここで，探索空間の推定を行う処理は，過去のトライアルの情報にもとづいて実行されます．

　続いて，推定した探索空間をもとに，Trial オブジェクトの作成処理中に，Sampler オブジェクトに対して同時サンプリングの処理が呼び出されます．選択した複数のパラメータの値がトライアルに保存され，後で参照されることになります．これで Trial オブジェクトの作成は完了です．

　その後，Study オブジェクトはユーザが定義した目的関数を呼び出します．ここで，作成した Trial オブジェクトが目的関数に渡されます．目的関数はその中でサジェスト API が呼び出されるたびに，そのパラメータがすでに同時サンプリングで選択されているかどうかをチェックし，もし選択されていれば選択済みの値を返します．また，選択されていないならば Sampler オブジェクトに対して独立サンプリングの処理を呼び出し，選択されたパラメータの値を返します．以上が，Optuna で実現されている同時サンプリングと独立サンプリングを含むパラメータ選択の全体像です．

　こうして，ユーザはサジェスト API を目的関数の中に記述するだけで，同時サンプリングと独立サンプリングの両方を利用することができます．ただし，同時サンプリングと独立サンプリングのいずれを利用できるかは，ユーザが設定しているサンプラーによって異なります．例えば，TPESampler はデフォルトでは独立サンプリングの機能しか提供しておらず，TPESampler で同時サンプリングの機能を利用したい場合には，**リスト 5.3** のように multivariate 引数の値を True に設定したうえで TPESampler オブジェクトを定義し，これを create_study に渡して Study オブジェクトを作成する必要があります．各サンプラーの同時サンプリング／独立サンプリングへの対応状況については，本書の CHAPTER 6 や Optuna の公式ドキュメントを参照してください．

リスト 5.3　TPESampler で同時サンプリングを利用するためのサンプルコード

```
sampler = optuna.samplers.TPESampler(multivariate=True)
study = optuna.create_study(sampler=sampler)
```

Optuna には独立サンプリングと同時サンプリングという，2 種類のパラメー

タ選択の方法があることを述べ，それらがどのようにして実現されているのかという仕組みを説明してきました．同時サンプリングは，複数のパラメータ間の相互作用を考慮することによって独立サンプリングが抱えていた課題を解決することができるとも述べました．一方，実際に独立サンプリングや同時サンプリングがユーザの最適化したい目的関数に対して適切なパラメータを選択するかどうかは，指定するサンプラーごとに異なることに注意が必要です．すなわち，問題ごとに適切なアルゴリズムを実装したサンプラーを利用することが，効率的に最適化を実行するうえで重要です．次の CHAPTER 6 ではサンプラーのアルゴリズムについて詳しく解説します．特に，6.4 節を参照することで，ユーザ自身の目的関数にあったサンプラーを選択することができるでしょう．

## CHAPTER 6

ブラックボックス
最適化のアルゴリズム

本章では，Optuna で使われている種々のアルゴリズム
について解説を行います．それぞれ，もとになった論文
で説明されているアルゴリズムの内容に加えて，Optuna
独自の実装上の工夫についても説明します．

なお，ここまでの章とは違って本章では数式が数多く登
場しますが，数式の意味については文献 [45] などを適宜
参照してください．

記号の用意

本章では，アルゴリズムの説明にあたって以下の記号を用います．

$\mathbb{R}:$ 　　　　実数全体の集合

$\mathbb{R}^d:$ 　　　　d 次元の実数全体の集合

$\mathbb{R}^{m \times n}:$ 　　　$m \times n$ の行列全体の集合

$A \subset B:$ 　　　集合 A は集合 B の部分集合である

$x \in A:$ 　　　　x は集合 A の元である

$2^A:$ 　　　　　集合 A の部分集合全体

$f \colon X \to Y:$ 　X を定義域，Y を終域とする関数 f

$\max(a,b):$ 　　a と b の小さくないほう

$\min(a,b):$ 　　a と b の大きくないほう

$\forall x \in A:$ 　　「集合 A の任意の元 x について」の略

$X:$ 　　　　　確率変数

$p(x \mid y):$ 　　確率変数 X, Y に対して，$Y = y$ のもとでの X の条件付き確率密度

$p(A \mid B):$ 　　事象 B のもとでの事象 A の条件付き確率

$1_A(x):$ 　　　事象 A の指示関数．すなわち，$x \in A$ のときに 1，そうでないときに 0 をとる関数

$\mathcal{N}(\mu, \sigma^2):$ 　　平均 $\mu \in \mathbb{R}$，分散 $\sigma^2 > 0$ の 1 次元正規分布

$\mathcal{N}(\mu, \Sigma):$ 　　平均 $\mu \in \mathbb{R}^d$，共分散行列 $\Sigma \in \mathbb{R}^{d \times d}$ の d 次元正規分布

$x \sim p(x):$ 　　確率変数 X が確率分布 $p(x)$ にしたがう．ただし，x は X の実現値である

$\mathrm{E}\,X:$ 　　　　確率変数 X の期待値

w.p. $p:$ 　　　「確率 p で起こる，with probability p」の略語

Optuna を使ってブラックボックス最適化を行い，最適値を得るためには，個々の問題ごとに適切な探索点選択のアルゴリズムを用いることが重要です．各アルゴリズムの詳細に踏み込む前に，まずは Optuna の最適化の流れについて簡単に復習しておきましょう．

Optuna では，各トライアルにおいて探索点選択を行い，選択した探索点を目的関数に与えて評価値を計算することを繰り返してブラックボックス最適化を行います．ここで，探索点選択は Optuna が自動的に行いますが，目的関数の計算方法はユーザに任せられています．いいかえれば，探索点とそれに対応する目的関数の評価値の組は自由に設定することができ，これによって次に試すべき探索点選択が行われます．

また，探索点選択にもいくつかの手法がありますが，概ね**探索と活用のトレードオフ**（exploration-exploitation tradeoff）をとりながら探索を行います．**探索**（exploration）が，まだ選んだことのない探索点やその近辺を選んで，新しい情報を得ようとすることであるのに対し，**活用**（exploitation）は，これまで選んだことのある探索点の周辺を選んで，さらによい目的関数の評価値を実現しようとすることです．以下で説明する探索点選択のアルゴリズムは，この探索と活用のトレードオフをそれぞれ独自の方法でとろうとしているということに着目してください．

まず 6.1 節で探索点選択において登場する共通の枠組について説明します．その後 6.2 節で単目的最適化のアルゴリズムについて説明を行い，続く 6.3 節で多目的最適化のアルゴリズムについて説明します．最後の 6.4 節では，説明した種々の探索点選択アルゴリズムの使い分けについて説明します．

6.1　探索点選択における共通の枠組

ブラックボックス最適化の問題設定について数理的に整理しておきます．なお，簡単のため，単目的最適化についてのみ説明しますが，多目的最適化についても同様に定義されます．

単目的最適化とは，目的関数の評価値の次元が 1 次元であるような最適化問題のことです．変数 x について最小化すべき目的関数を f とします．ここで，x の定義域を $D \subset \mathbb{R}^d$ とし，有界な集合とします．また，目的関数の評価値は 1 次元

であるとします.

単目的最適化の枠組では, t 番目のトライアルにおいて探索点として $x_t \in D$ を選び, これを目的関数に与え, x_t を受け取った目的関数が値を計算し, 計算された値

$$y_t = f(x_t) + \varepsilon \tag{6.1}$$

を返す[*1] わけです. ここで, ε は正規分布にしたがうノイズ $\varepsilon \sim \mathcal{N}(0, \sigma^2)$ を表します. 機械学習モデルのハイパーパラメータ最適化のような応用では, 観測される目的関数の評価値がランダムな振舞いをすることが多いため, 式 (6.1) でも観測値 y_t にノイズ ε が混じっていると仮定しています.

いま, t 番目のトライアルにおいて, $(t-1)$ 番目までのトライアルが終了していると仮定し, それまでの探索点と目的関数の評価値のペアの系列

$$\mathcal{H}_t = \{(x_i, y_i)\}_{i=1}^{t-1} \tag{6.2}$$

が利用できると仮定します. このペアの系列を **履歴**（history）と呼ぶことにします.

[*1] 関数 f の最小化問題という問題設定のもとでは, $x \in D$ 自体や x に対する目的関数の値 $f(x)$, またこれを評価した値 y は決定的なものです. 一方で, 6.2.1 項で説明する TPE では, D 上の確率変数 X のしたがう分布をモデル化し, その実現値として x があると考えます. また, 6.2.2 項で説明する GP-BO では, 目的関数 f 自体に確率的なモデルを仮定し, ある関数の集合上の確率的な法則にしたがう確率変数 F の実現値として f があると考えます. これは f の認識論的な不確実性をモデル化しているとみなすことができます. また, 実際の応用では, 同じ x で何度か目的関数を計算しても, 同じ評価値 y が得られるということはなく, ここには観測ノイズが乗っていることが多いため, 式 (6.1) ではこのようなノイズを ε としてモデル化しています. より正確にいえば, 目的関数値を表す確率変数 $F(x)$ と観測ノイズを表す確率変数 E によって, 目的関数の評価値を表す確率変数 $Y = F(x) + E$ が定まっていて, それらの実現値が $f(x)$, ε, y であると考えます.

しかし, この分野（ブラックボックス最適化, ベイズ最適化, ガウス過程）の多くの教科書, 研究論文では, このような頻度論的なデータの生成過程に対する解釈を明示していません. この分野（ベイズ論）では, 観測しているデータ自体は定数であると考え, 確率変数とその実現値を区別なく表記します. この点は, 確率論などの数学を厳密に学んできた方にとって, かなり違和感のある表記だと思うので, 注記しておきます. 本章では以後, 確率変数 X, F, Y とその実現値 x, f, y を区別せずに表記します.

リスト 6.1 は，上記の問題設定にもとづいて得られる探索点選択の枠組を示したものです．Optuna にはさまざまな探索点選択のアルゴリズムが実装されていますが，それらはすべてこの共通する枠組にもとづいています．

リスト 6.1　Optuna で探索点選択をするための枠組

```
while (終了条件が満たされていない):
    x_{t} = (Optunaによって探索点選択する)
    y_{t} = (目的関数にx_{t}を与えて評価値を計算する)
return (これまで評価した探索点xの中で最も評価値yがよかったもの)
```

このリスト 6.1 中の while 文の中身が 1 トライアルに対応します．トライアルごとに Optuna によって探索点を選択し，それを目的関数に与えて評価値を得るという処理を繰り返すことで，最適な探索点を探していきます．また，この枠組全体が 1 つのスタディに対応します．

1 行目は，最適化の終了条件が満たされるまで while 文が回ることを表しています．ここで，終了条件とは，例えば Study.optimize の n_trials 引数で指定する，実行するトライアル数のことです[*2]．

また，2 行目は t 番目のトライアルにおいて，Optuna によって探索点 x_t を選ぶ手続きを表しています．例えば，6.2.1 項で説明する TPE や 6.2.2 項で説明するガウス過程にもとづく手法では，目的関数 f や，その目的関数の評価値 y がしたがう確率的なモデルを仮定し，それを用いてある基準を定めて，各トライアルで探索点を選択します．この探索点を選択するための基準を**獲得関数**（acquisition function）といいます．獲得関数は仮定した確率的なモデルと履歴 $\mathcal{H}_t$ によって定まる D 上の実数値関数

$$\alpha_t \colon D \to \mathbb{R} \tag{6.3}$$

として定式化されます．各トライアルでは獲得関数 α_t を最大化するように x_t を選び，目的関数に与えます．**ベイズ最適化**と呼ばれる枠組は，このようにして x_t を逐次的に選んでいきます．

次に，3 行目で，目的関数に x を与えて評価値を得ますが，これは Study.

[*2]　実行する秒数や，（コールバック機能を用いて）スタディに含まれるトライアル数でも終了条件を指定することができます．詳しくは Optuna の公式ドキュメントを参照してください．

optimize が自動的に Optuna の内部で行います．ユーザは自身で定義した目的
関数を Study.optimize に渡すだけで，Optuna によって選ばれた探索点を自身
で目的関数に与えたり，その評価値を Optuna に報告する必要はありません[*3]．

　最後の 4 行目では，これまで評価した探索点 x の中で，最も評価値 y がよかっ
たものが返されます．これは Study.best_params で取得することができます．
また，その評価値は Study.best_value で取得することができます．

6.2　単目的最適化における 探索点選択のアルゴリズム

　まずは単目的最適化のアルゴリズムからみていきます．

6.2.1 ｜ TPE

　TPE（tree-structured Parzen estimator）は，Optuna のデフォルトの探索
点選択アルゴリズムであり，optuna.samplers.TPESampler として利用可能で
す．TPE の "tree-structured" は，for ループや if 文を含むことによって探索空
間中のパラメータの関係が木構造になっている場合にも対応できることを表して
います．

　素朴な**単変量 TPE**（univariate TPE）では d 次元の変数

$$x = (x^{(1)}, x^{(2)}, \ldots, x^{(d)}) \in D \tag{6.4}$$

についての最適化を行い，探索点の各次元 $x^{(i)} \in \mathbb{R}$ と目的関数の評価値 $y \in \mathbb{R}$ の
間の確率分布を仮定し，次元ごとに定めた確率的なモデルを利用して，次元ごと
に獲得関数を定めます．ここで，$x \in D$ と y の関係ではなく，各次元ごとにみた

[*3]　ただし，Study.optimize が利用しにくい環境（例えば，既存のコードへの修正を最低
　　　限に留めて Optuna を利用したい場合など）のユーザ向けに，Optuna の選択した探索
　　　点を返したり，ユーザ自身で目的関数に探索点を入力して得られた評価値を Optuna に
　　　報告するインタフェース（**Ask-and-Tell** インタフェース）も提供されています．詳しく
　　　は，チュートリアルや公式ドキュメントを参照してください．

$x^{(i)}$ と y の関係であることに注意してください.

単変量 TPE では次元ごとに探索点の選択が完結することで, for ループや if 文による分岐などを含んだ複雑な探索空間にも柔軟に対応することができます. これが, Optuna のデフォルトのサンプラーとして採用されている理由でもあります.

ただし, 単変量 TPE は次元間の相関をとらえられないという欠点をもっています [8]. かといって, すべての次元を同時に考慮する多変量 TPE のアルゴリズムでは, 次元ごとに探索点選択が完結するという単変量 TPE の特長が失われてしまい, 複雑な探索空間に対応しきれなくなる可能性があります.

Optuna では, 特別な工夫を行うことにより, 次元間の相関を可能な限り考慮しつつ複雑な探索空間にも対応可能な TPE を実装しています. 多変量 TPE の詳細については本項 (4) で, 複雑な探索空間に対応するための特殊な工夫については本項 (5) で詳しく解説します.

(1) 単変量 TPE で仮定する確率的なモデル

本項では, 単変量 TPE で仮定する確率的なモデルについて説明します. 定義された確率的なモデルにもとづいて, 次項以降では獲得関数やその最大化方法が議論されます.

簡単にいうと, 単変量 TPE では, 探索点の各次元 $x^{(i)} \in \mathbb{R}$ と, 最小化すべき目的関数の評価値 $y \in \mathbb{R}$ の間の確率分布を仮定します. その中では **Parzen 窓**（Parzen window）, またはカーネル密度推定量（kernel density estimator）と呼ばれる量が登場します. TPE ではこの Parzen 窓が重要な役割を果たすことから, 名前に "Parzen" が含まれています. Parzen 窓は, 確率分布をモデル化するためのノンパラメトリック（non-parametric）な手法として知られています. TPE では, 目的関数の評価値をもとにして過去のトライアルをよいものと悪いものに分け, それぞれに対して Parzen 窓によって確率分布をモデル化します.

具体的には, 探索点の各次元 $x^{(i)} \in \mathbb{R}$ と, 最小化すべき目的関数の評価値 $y \in \mathbb{R}$ の間の確率分布を式 (6.5) のようにモデル化します.

$$p(x^{(i)} \mid y, \mathcal{H}_t) = \begin{cases} \ell(x^{(i)} \mid \mathcal{L}_t) & (y < y^*) \\ g(x^{(i)} \mid \mathcal{G}_t) & (y \geq y^*) \end{cases} \tag{6.5}$$

ただし, y^* はあらかじめ定められた定数 γ に対して, $\gamma = p(y < y^* \mid \mathcal{H}_t)$ を満た

すように選ばれた値とします*4. ここで, $p(y)$ の具体的なモデルは何も定めないことに注意してください. 履歴 $\mathcal{H}_t$ が得られているもとで, 目的関数の評価値 y が与えられたときの $x^{(i)}$ のしたがう分布を, y が y^* よりもよい場合は $\ell(x^{(i)} \mid \mathcal{L}_t)$ に, 悪い場合は $g(x^{(i)} \mid \mathcal{G}_t)$ というように2種類に分けています.

これら $\mathcal{L}_t$ および $\mathcal{G}_t$ は, $\mathcal{H}_t$ をもとにして次のようにして定義します.

$$
\begin{cases}
\mathcal{L}_t = \{x_j \mid (x_j, y_j) \in \mathcal{H}_t,\, y_j < y^*\} \\
\mathcal{G}_t = \{x_j \mid (x_j, y_j) \in \mathcal{H}_t,\, y_j \geq y^*\}
\end{cases}
\tag{6.6}
$$

すなわち, $\mathcal{L}_t$ は履歴 $\mathcal{H}_t$ の中で目的関数の評価値 y_j が y^* よりもよいような x_j の集合, 逆に $\mathcal{G}_t$ は履歴 $\mathcal{H}_t$ の中で目的関数の評価値 y_j が y^* よりも悪いような x_j の集合です. また, $\ell(\,\cdot\mid\mathcal{L}_t) : \mathbb{R} \to \mathbb{R}$ と $g(\,\cdot\mid\mathcal{G}_t) : \mathbb{R} \to \mathbb{R}$ はともに1次元実数値関数であり, $x^{(i)}$ の型に応じて定義されます. $g(\,\cdot\mid\mathcal{G}_t)$ は $\ell(\,\cdot\mid\mathcal{L}_t)$ の $\mathcal{L}_t$ を $\mathcal{G}_t$ に置き換えているだけで説明できるので, 以下では $\ell(\,\cdot\mid\mathcal{L}_t)$ についてのみ説明します.

TPE の大きな特長の1つは, 入力空間 $D \subset \mathbb{R}^d$ の各次元 $x^{(i)}$ が連続的なものであっても, 離散的なものであっても, さらにはカテゴリカルなものであっても対応可能であることです. この特長がどのようにもたらされているかについて, 各変数 $x^{(i)}$ の型と $\ell(\,\cdot\mid\mathcal{L}_t)$, $g(\,\cdot\mid\mathcal{G}_t)$ の関係から説明します.

まず, $x^{(i)}$ がカテゴリカルでない変数の場合, 混合正規分布として次式のように定義します.

$$
\ell(x^{(i)} \mid \mathcal{L}_t) = \sum_{\{j \mid x_j \in \mathcal{L}_t\}} w_j\, \mathcal{N}(x_j^{(i)}, {\sigma_j}^2)
\tag{6.7}
$$

ここで, 各正規分布の重み w_j を計算するために, 重み関数 w をあらかじめ定めておきます. 例えばデフォルトでは, $n = |\mathcal{L}_t|$ として

$$
w(n) = \begin{cases}
\text{全要素が } 1 \text{ の } n \text{ 次元ベクトルを正規化した} & \\
\text{もの} & (n < 25) \\[2mm]
\dfrac{1}{n} \text{ から } 1 \text{ までを } (n - 25) \text{ 等分したベクトル} & \\
\text{と全要素が } 1 \text{ の } 25 \text{ 次元ベクトルをつなげた} & (\text{otherwise}) \\
n \text{ 次元ベクトルを正規化したもの} &
\end{cases}
\tag{6.8}
$$

が設定されています[*5]. w は $\mathcal{L}_t$ の要素数 $|\mathcal{L}_t|$ を受け取って, 長さ $|\mathcal{L}_t|$ の実数列を返します. 例えば, x_j が $\mathcal{L}_t$ 内で k 番目であるとすると, w_j はここで計算された重みの実数列の k 番目として定まります.

また, 分散 $\sigma_j{}^2$ は次のように定めます. $\mathcal{L}_t$ の各元について, その第 i 成分が小さい順に 1 列に並べます. このとき, 各 x_j について, 並べた列の中で両隣にあるものとの差のうち, 大きいほうを σ_j とします[*6].

また, $x^{(i)}$ がカテゴリカルな変数の場合, w_0 をあらかじめ定められた定数として, $x^{(i)}$ のとりうる値の集合を $C = \{C_1, C_2, \ldots, C_K\}$ とします. ここで, 各 $x_j \in \mathcal{L}_t$ について, その第 i 成分が $C_k \in C$ に等しいという事象の指示関数の値に w_0 を加えたものを $N_{j,k}$ とします. すなわち

$$
N_{j,k}^{(i)} = 1_{\{x^{(i)}=C_k\}}(x_j) + w_0
\tag{6.9}
$$

とします. そして, $N_j^{(i)} = \sum_{k=1}^{K} N_{j,k}^{(i)}$ とし, $c_{j,k}^{(i)} = \dfrac{N_{j,k}^{(i)}}{N_j^{(i)}}$ とします. これらを用いて, 次式のように $\ell(\,\cdot\mid\mathcal{L}_t)$ を定めます.

$$
\ell(x^{(i)} = C_k \mid \mathcal{L}_t) = \sum_{j=1}^{|\mathcal{L}_t|} w_j c_{j,k}^{(i)}
\tag{6.10}
$$

ここで, w_j は重みであって, $x^{(i)}$ がカテゴリカルでない場合と同様に計算されます.

このようにして定義された $\ell(x^{(i)} \mid \mathcal{L}_t)$(や $g(x^{(i)} \mid \mathcal{G}_t)$)は一般に **Parzen 窓**, ま

[*5] NumPy の記法でいえば, `np.concatenate([np.linspace(1./n, 1., n-25), np.ones(25)])` です.

[*6] x_j が左端, または右端にあるときは片側としか差がとれませんが, その場合は存在するほうとの差を σ_j とします.

たはカーネル密度推定量などと呼ばれます. また, $\ell(x^{(i)} \mid \mathcal{L}_t)$ および $g(x^{(i)} \mid \mathcal{G}_t)$ は **Parzen 推定量** (Parzen estimator) と呼ばれます.

単変量 TPE では, 以上のようにして探索点の各次元 $x^{(i)}$ と目的関数の評価値の間の条件付き確率分布 $p(x^{(i)} \mid y, \mathcal{H}_t)$ をモデル化しています.

(2) 単変量 TPE で用いる獲得関数

獲得関数は, 目的関数の探索点の次元ごとに $p(x^{(i)} \mid \mathcal{H}_t)$ をもとに, $\alpha_{i,t} \colon \mathbb{R} \to \mathbb{R}$ のように定義されます. これを用いて, 各トライアル t で

$$x_t^{(i)} = \arg\max \alpha_{i,t}(x^{(i)}) \tag{6.11}$$

のように各次元 i の値を定め, それらを集めて

$$x_t = (x_t^{(1)}, x_t^{(2)}, \ldots, x_t^{(d)}) \tag{6.12}$$

をつくります. x_t を目的関数に与えて, 目的関数の評価値の観測値 y_t を得れば, 1 つのトライアルが完了になります.

単変量 TPE では, 獲得関数として**期待改善量** (expected improvement; EI) と呼ばれるものを用います. これは次式のように定義されます.

$$\mathrm{EI}(x^{(i)} \mid \mathcal{H}_t) = \int_{-\infty}^{\infty} \max(y^* - y, 0)\, p(y \mid x^{(i)}, \mathcal{H}_t)\, dy \tag{6.13}$$

単変量 TPE では, この期待改善量 $\mathrm{EI}(x^{(i)} \mid \mathcal{H}_t)$ を獲得関数として採用します. 一方, 式 (6.13) のままでは積分を含んでいて扱いづらいので, 変形します.

$$\begin{aligned}
\mathrm{EI}(x^{(i)} \mid \mathcal{H}_t) &= \int_{-\infty}^{\infty} \max(y^* - y, 0)\, p(y \mid x^{(i)}, \mathcal{H}_t)\, dy \\
&= \int_{-\infty}^{y^*} (y^* - y)\, p(y \mid x^{(i)}, \mathcal{H}_t)\, dy \\
&= \int_{-\infty}^{y^*} (y^* - y) \frac{p(x^{(i)} \mid y, \mathcal{H}_t)\, p(y \mid \mathcal{H}_t)}{p(x^{(i)} \mid \mathcal{H}_t)}\, dy \\
&= \int_{-\infty}^{y^*} (y^* - y) \frac{\ell(x^{(i)} \mid \mathcal{L}_t)\, p(y \mid \mathcal{H}_t)}{p(x^{(i)} \mid \mathcal{H}_t)}\, dy \\
&= \frac{\ell(x^{(i)} \mid \mathcal{L}_t)}{p(x^{(i)} \mid \mathcal{H}_t)} \int_{-\infty}^{y^*} (y^* - y)\, p(y \mid \mathcal{H}_t)\, dy
\end{aligned} \tag{6.14}$$

ここで

$$\int_{-\infty}^{y^*} (y^* - y)\, p(y \mid \mathcal{H}_t)\, dy \tag{6.15}$$

は $x^{(i)}$ には依存しない正の定数なので，獲得関数の最適化を考えるときは無視できます．また，$p(x^{(i)} \mid \mathcal{H}_t)$ は以下のように変形できます．

$$
\begin{aligned}
&p(x^{(i)} \mid \mathcal{H}_t) \\
&= p(y < y^* \mid \mathcal{H}_t)\, p(x^{(i)} \mid y < y^*, \mathcal{H}_t) \\
&\quad + p(y \geq y^* \mid \mathcal{H}_t)\, p(x^{(i)} \mid y \geq y^*, \mathcal{H}_t) \\
&= \gamma \ell(x^{(i)} \mid \mathcal{L}_t) + (1 - \gamma)\, g(x^{(i)} \mid \mathcal{G}_t)
\end{aligned}
\tag{6.16}
$$

以上から，式 (6.13) で定義される期待改善量 $\mathrm{EI}(x^{(i)} \mid \mathcal{H}_t)$ を $x^{(i)}$ について最大化することは次式で定義される関数を $x^{(i)}$ について最大化することと等価です．

$$\frac{\ell(x^{(i)} \mid \mathcal{L}_t)}{\gamma \ell(x^{(i)} \mid \mathcal{L}_t) + (1 - \gamma)\, g(x^{(i)} \mid \mathcal{G}_t)} = \frac{1}{\gamma + (1 - \gamma)\dfrac{g(x^{(i)} \mid \mathcal{G}_t)}{\ell(x^{(i)} \mid \mathcal{L}_t)}} \tag{6.17}$$

さらに $0 < \gamma < 1$ に注意すると，式 (6.17) を $x^{(i)}$ について最大化することは，分母の

$$\frac{g(x^{(i)} \mid \mathcal{G}_t)}{\ell(x^{(i)} \mid \mathcal{L}_t)} \tag{6.18}$$

を $x^{(i)}$ について最小化することと等価になります．

したがって，獲得関数である式 (6.13) の最大化問題は，次式で表される関数の最大化問題と等価になります．

$$\alpha_{i,t}(x^{(i)}) = \frac{\ell(x^{(i)} \mid \mathcal{L}_t)}{g(x^{(i)} \mid \mathcal{G}_t)} \tag{6.19}$$

これを単変量 TPE の獲得関数とします．

(3) 単変量 TPE における獲得関数の最大化方法

単変量 TPE で最大化すべき獲得関数である式 (6.19) は，結局 2 つの Parzen 推定量 $\ell(x^{(i)} \mid \mathcal{L}_t)$，および，$g(x^{(i)} \mid \mathcal{G}_t)$ の比 $\dfrac{\ell(x^{(i)} \mid \mathcal{L}_t)}{g(x^{(i)} \mid \mathcal{G}_t)}$ であることがわかりました．単変量 TPE ではこの比をサンプリングにもとづいて最大化します．

具体的には，あらかじめ決められた数[*7]だけ，$x^{(i)}$ をサンプリングし，その中で獲得関数値が最大になる $x^{(i)}$ を選択します．ここで，目的関数の評価値 y をなるべく改善する $x^{(i)}$ がほしいので，$y < y^*$ で条件付けた分布である $\ell(x^{(i)} \mid \mathcal{L}_t)$ からサンプリングします．

　これによって，単変量 TPE では各トライアルにおける探索点選択を行います．

(4)　多変量 TPE

　ここまで単変量 TPE について詳しく説明してきました．すでに指摘したように，単変量 TPE は次元間の相関をとらえられません．そこで，すべての次元を同時に考慮して確率的なモデルを仮定する **多変量 TPE**（multivariate TPE）を用いることがあります．このアルゴリズムについて説明します[*8]．

　多変量 TPE では，探索点 $x \in D$ と目的関数の評価値 y の間の確率的なモデルを次式のように仮定します．

$$p(x \mid y, \mathcal{H}_t) = \begin{cases} \ell(x \mid \mathcal{L}_t) & (y < y^*) \\ g(x \mid \mathcal{G}_t) & (y \geq y^*) \end{cases} \tag{6.20}$$

ここで，$\mathcal{L}_t$ および $\mathcal{G}_t$ は単変量 TPE で定義したものと同様です．一方，式 (6.20) では探索点 x のすべての次元で，確率モデルを一度に定義しています．つまり，式 (6.20) の $\ell(x \mid \mathcal{L}_t)$ および $g(x \mid \mathcal{G}_t)$ は単変量 TPE と定義が異なります．$g(x \mid \mathcal{G}_t)$ は $\ell(x \mid \mathcal{L}_t)$ と同様に説明されるので，ここでは簡単のため，$\ell(x \mid \mathcal{L}_t)$ についてのみ説明を行います．$\ell(x \mid \mathcal{L}_t)$ は単変量 TPE と同様，次式のような混合モデルとして定義されます．

$$\ell(x \mid \mathcal{L}_t) = \sum_{\{j \,:\, x_j \in \mathcal{L}_t\}} w_j\, p(x \mid x_j, \mathcal{L}_t) \tag{6.21}$$

混合されている各分布 $p(x \mid x_j, \mathcal{L}_t)$ の重み w_j は単変量 TPE のときとまったく同様に定めます．

　以下では，$p(x \mid x_j, \mathcal{L}_t)$ の具体的な形について説明します．$p(x \mid x_j, \mathcal{L}_t)$ は x の

[*7]　Optuna の `TPESampler` では `n_ei_canditates` 引数がこの数を定めます．詳しくは後ろの (7) 参照．

[*8]　Optuna の `TPESampler` では，`multivariate` 引数を `True` に設定することで，多変量 TPE を利用することができます．詳しくは後ろの (7) 参照．

次元ごとの積として次式のように定められます.

$$p(x \mid x_j, \mathcal{L}_t) = \prod_{i=1}^{d} p(x^{(i)} \mid x_j, \mathcal{L}_t) \tag{6.22}$$

ここで, x の第 i 次元 $x^{(i)}$ について, $x^{(i)}$ がカテゴリカルでないならば, 次式のように $p(x^{(i)} \mid x_j, \mathcal{L}_t)$ を定めます.

$$p(x^{(i)} \mid x_j, \mathcal{L}_t) = \mathcal{N}(x_j^{(i)}, (\sigma^{(i)})^2) \tag{6.23}$$

ただし, $\sigma^{(i)}$ は次式のように定めます.

$$\sigma^{(i)} = \sigma_0 |\mathcal{L}_t|^{-\frac{1}{4+d}} (M^{(i)} - m^{(i)}) \tag{6.24}$$

σ_0 はあらかじめ決められた定数, $|\mathcal{L}_t|$ は $\mathcal{L}_t$ の要素数, d は $x \in D$ の次元, $M^{(i)}$, $m^{(i)}$ は $x^{(i)}$ の定義域 $[m^{(i)}, M^{(i)}]$ のそれぞれ右端と左端です. $\sigma^{(i)}$ は次元 i にのみ依存し, $x_j^{(i)}$ に依存せず一様に定まっていることに注意してください. これが単変量 TPE との大きな違いです. このように正規分布の分散を定める規則を**スコットの規則**(Scott's rule)[8] と呼びます.

また, x の第 i 次元 $x^{(i)}$ について, $x^{(i)}$ がカテゴリカルであるならば, 単変量 TPE で定義した $c_{j,k}$ を用いて

$$p(x^{(i)} = C_k \mid x_j, \mathcal{L}_t) = c_{j,k} \tag{6.25}$$

と定めます.

以上で, 多変量 TPE における探索点と目的関数の評価値の間の確率モデル $p(x \mid y, \mathcal{H}_t)$ が定まりました. また, 多変量 TPE の獲得関数には, 単変量 TPE と同様に期待改善量を用います. 単変量 TPE とまったく同様の計算により, 期待改善量の x についての最大化問題は次式で表される関数の最大化問題と等価になります.

$$\alpha_t(x) = \frac{\ell(x \mid \mathcal{L}_t)}{g(x \mid \mathcal{G}_t)} \tag{6.26}$$

この関数の最大値は, 単変量 TPE と同様にサンプリングベースで求めます.

以上で, 多変量 TPE の探索点選択のアルゴリズムが定まりました.

(5) 単変量 TPE と多変量 TPE の比較

すでに説明したとおり，多変量 TPE はすべての次元を同時に考慮する確率モデルを仮定しています．しかし，式 (6.22) をみて，「$p(x \mid x_j, \mathcal{L}_t)$ を次元ごとの分布の積に分解しているので，変数間の相関をとらえられていないのではないのか」と思うかもしれません．しかし，そんなことはありません．

例えば，すべての $x^{(i)}$ がカテゴリカルでないならば，$p(x \mid x_j, \mathcal{L}_t)$ は d 個の1 次元正規分布の積になるので，共分散行列が対角行列であるような 1 つの d 次元正規分布となります．しかし，多変量 TPE の確率モデルではこれらの d 次元正規分布が一定の重みで混合されることによって，確率モデル全体としては変数間の相関が考慮されています．さらに，多変量 TPE では，ある探索点の目的関数の評価値が悪い値であった場合,以降のトライアルにおいてその探索点が $\mathcal{G}_t$ に振り分けられることで，その探索点付近の獲得関数の値が悪いものになっていきます．当然，各トライアルでは獲得関数の値を（近似的に）最大化する x が選ばれるので，結果として目的関数の評価値が悪い探索点の付近が選ばれにくくなっていきます．

一方，単変量 TPE では，それぞれの次元を別々に選択するので，実際には獲得関数値が悪い組合せでも誤ってよいと判断してしまう場合があります．このとき，5.3 節で説明したのと同様の問題が生じます．改めて，具体的な例をあげましょう．単変量 TPE において，1 次元目と 2 次元目の獲得関数 $\alpha_{1,t}(x^{(1)})$ および $\alpha_{2,t}(x^{(2)})$ がともに $x = -1$ と $x = 1$ で最大値をとるとしましょう．このとき，獲得関数の最大化によって 4 つの点

$$(-1, -1), \quad (-1, 1), \quad (1, -1), \quad (1, 1) \tag{6.27}$$

が探索点として選ばれる可能性があります．しかし，実際には $(-1, -1)$ と $(1, 1)$ だけが目的関数の評価値をよくする点であるとしましょう．ここで，無駄な点 $(-1, 1)$, $(1, -1)$ が選ばれる可能性は $\dfrac{1}{2}$，つまり，トライアルの実に半分程度が無駄になる可能性があります．さらに，この無駄になるトライアルの割合は，次元 d が増えると指数的に増大してしまいます．

また,トライアルが無駄になるだけでなく,例えば目的関数の評価値が $(-1, -1)$ ではよいが $(-1, 1)$ では悪いといった場合に両方の目的関数の評価値が観測されたとすると，2 次元目の獲得関数 $\alpha_{2,t}(x^{(2)})$ には矛盾する情報が入力されること

になり，獲得関数の構成自体に悪影響がおよびます．

　一方，多変量 TPE では，確率モデルや獲得関数がすべての次元を同時に考慮して定義されているので，$x \in D$ を一気に選択することができます．その結果，単変量 TPE で生じる可能性のある上記のような問題は生じなくなり，性能が向上することが報告されています [8]．つまり，多変量 TPE では，確率モデルに加えて，獲得関数を通して逐次的に探索点を選択し，目的関数の評価値を観測し続けていくというベイズ最適化の仕組みによって，出力 y という結果的にはすべての次元に依存する値によって決まる獲得関数を通して変数間の相関をとらえた最適化が可能です．

　ただし，上記の多変量 TPE はすべての次元について一気に選択を行うので，単変量 TPE では扱うことのできた for ループや if 文による分岐を含んだ複雑な探索空間を扱うことができません．複雑な探索空間にも対応できる Optuna で実際に実装されている多変量 TPE の工夫については次項で説明します．

(6)　Optuna に実装されている TPE

　ここまで TPE のアルゴリズムについて説明をしてきました．TPE には大きく分けて単変量のものと多変量のものがあると述べました．単変量 TPE は変数の相関が考慮できないかわりに for ループや if 文による分岐を含んだ複雑な探索空間に対応できることを述べました．また，多変量 TPE では，そのままでは複雑な探索空間に対応できないが複数の変数を同時に選択することにより，相関が考慮できることも述べました．

　Optuna では，単変量 TPE と多変量 TPE をうまく組み合わせて，次元間の相関を可能な限り考慮しつつ，複雑な探索空間にも対応可能な特殊な TPE を実装しています．本項では，`optuna.samplers.TPESampler` に実装されている TPE の仕組みについて説明します．

　Optuna では，各トライアルの最初に `Trial` というクラスのオブジェクトを作ります．この `Trial` オブジェクトの初期化の際に，過去のトライアルをもとにして仮の探索空間を構築します．ここで，`TPESampler` の `multivariate` 引数を `True` に設定したうえ，`group` 引数を `True` に設定することで，特殊な探索空間が構築されます．このとき，過去に探索した変数全体 $\mathcal{T}$ がいくつかのグループ $\{\mathcal{X}_i\}$ に分解されます．$\{\mathcal{X}_i\}$ は，それぞれの $\mathcal{X}_i$ 上では多変量 TPE による探索点選択が

行えるようなものです*9. ここで, $\mathcal{X}_i$ の大きさが 1 であるならば, 単変量 TPE による探索が行われます.

こうすることで, $\mathcal{X}_i$ の数だけ単変量 TPE, または多変量 TPE による探索点選択を行うことになり, 過去に探索した変数については Trial オブジェクトの初期化の際に探索点選択が完了します. なお, Optuna で対象としている複雑な探索空間では, for ループや if 文による分岐の影響で, あるトライアルでは探索されているが, ほかのトライアルでは探索されていない変数が存在しうることに注意してください. そのような変数がなければ, $\mathcal{T}$ の分割は $\mathcal{T}$ 自身のみとなり, 一度の多変量 TPE による探索点選択で十分となります.

以上によって探索点選択が行われた後, ユーザが構築した目的関数に Trial オブジェクトが渡され, サジェスト API を通して各変数が目的関数に渡されます. Trial オブジェクトの初期化時にすでに選択済みの変数についてはその値がそのまま渡され, まだ選択したことのない変数については単変量 TPE により値が定まり, 渡されます (5.5 節参照). これが Optuna で実装されている TPESampler のアルゴリズムの全貌です.

(7) Optuna における TPE の使い方

ここでは, Optuna の TPE に存在する種々のパラメータについて例を交えて簡単に説明を行います.

---

*9 過去に探索した変数全体 $\mathcal{T}$ とは, i 番目のトライアルで探索された探索空間を $\mathcal{T}_i$ として, $\mathcal{T} = \bigcup_{i=1}^{t} \mathcal{T}_i$ として定義されます. Optuna では, define-by-run なインタフェースを採用している影響で, トライアルごとに探索する変数が異なる可能性があることに注意してください.

$\{\mathcal{X}_i\}$ は $\mathcal{T}$ の分割であり, 各元 $\mathcal{X}_i$ は次の条件を満たすような $\mathcal{T}$ の空でない極大な部分集合です.

> 条件：完了したトライアルで探索された変数全体を $\mathcal{T}$ として, 任意の $\mathcal{X}_i \in \{\mathcal{X}_i\}$ について $\mathcal{T}$ と $\mathcal{X}_i$ の共通部分 $\mathcal{T} \cap \mathcal{X}_i$ は, $\mathcal{X}_i$ 自身であるか, または空集合である

このように構築された各 $\mathcal{X}_i$ について, 過去のトライアルの中で $\mathcal{T} \cap \mathcal{X}_i = \mathcal{X}_i$ を満たすもの全体を $\mathcal{H}_t$ として採用すれば, $\mathcal{X}_i$ 上の変数については相関を考慮した多変量 TPE による探索点の選択が可能になります.

表 6.1 TPESampler の引数

引数名	型	デフォルト値
consider_prior	bool	True
prior_weight	float	1.0
consider_magic_clip	bool	True
consider_endpoints	bool	False
n_startup_trials	int	10
n_ei_candidates	int	24
gamma	Callable[[int], int]	（本文で説明）
weights	Callable[[int], np.ndarray]	（本文で説明）
seed	Optional[int]	None
multivariate	bool	False
group	bool	False
warn_independent_sampling	bool	True
constant_liar	bool	False
constraints_func	Optional[関数（型などは本文で説明）]	None

　TPESampler にはいくつかの引数が存在し，初期化時にそれらを選択すること
ができます．Optuna v3.0.4 時点における TPESampler の引数全体を**表 6.1** に
示します．以下ではこれらの各引数がどのような役割を果たしているのかについ
て，簡単に説明します．詳細は Optuna のドキュメントを参照してください．な
お，$\ell(\,\cdot\,\mid\mathcal{L}_t)$ について説明している箇所は，特に断りがない限り，同じ工夫が
$g(\,\cdot\,\mid\mathcal{G}_t)$ にも適用されます．

(i) consider_prior 引数

　consider_prior 引数は，True であるとき，TPE の確率モデルを構築する際
に過去に試した x_j 以外に，もう 1 点特殊な点 x_0 を追加するためのものです．こ
こで，x_0 は次式で表される各次元の定義域の中点です．

$$x_0 = \left(\frac{M^{(1)} + m^{(1)}}{2}, \frac{M^{(2)} + m^{(2)}}{2}, \ldots, \frac{M^{(d)} + m^{(d)}}{2}\right) \tag{6.28}$$

ただし，i 次元目がカテゴリカルである場合，定義域の中点は定義されません．そ
の場合，式 (6.28) の $x_0^{(i)}$ の値は使われないので，考慮する必要がありません．

　いいかえれば，x_0 は i 次元目が実数である場合に効果を発揮するものです．そ
の効果とは，探索と活用のトレードオフにおいて，探索の比重を高める効果です．

TPE の確率モデルを構築する際には混合正規分布として $\ell(\cdot \mid \mathcal{L}_t)$ を構築しますが，x_0 を中心とする正規分布もその中に混合されます．ただし，各次元の分散は $(M^{(i)} - m^{(i)})^2$ と設定されます．したがって，$\ell(\cdot \mid \mathcal{L}_t)$ に x_0 を中心とする薄く広がった正規分布が混合されることになり，獲得関数が探索空間全体に広がり，これまでによい目的関数の評価値を実現できなかった領域が探索されやすくなります．また，カテゴリカルな場合はすべてのカテゴリで同じ値をもつ点が挿入されます．以上のような理由から，`consider_prior` 引数を True にすることで最適化の効率が高まる場合があります．

(ii) `prior_weight` 引数

`prior_weight` 引数の値は，上記の `consider_prior` 引数が True であるときに追加される x_0 を混合するときの重み，および，`consider_prior` 引数の値に関係なく，$x^{(i)}$ がカテゴリカルであるときに使われる w_0 の値です．

すなわち，この `prior_weight` 引数では 2 つの違う意味をもつ量に同じ値が使われています．

(iii) `consider_magic_clip` 引数

`consider_magic_clip` 引数が True であるとき，$\ell(\cdot \mid \mathcal{L}_t)$ を構築するときに計算される各正規分布の分散 $\sigma_j{}^2$ に下限が設定され，その値でクリップ（切り抜き）されます．ただし，その範囲は，各次元 $x^{(i)}$ について

$$\frac{M^{(i)} - m^{(i)}}{\min(100, 1 + |\mathcal{L}_t|)} \tag{6.29}$$

です．最適化の安定性を向上させるためには，この `consider_magic_clip` 引数は True にしておくことをお勧めします．

(iv) `consider_endpoints` 引数

`consider_endpoints` 引数は True であるとき，単変量 TPE の確率モデルを構築する際に特殊な工夫が入れられます．具体的には，$\ell(\cdot \mid \mathcal{L}_t)$ を構築するときに計算される各正規分布の分散が，左端と右端にそれぞれ $m^{(i)}$ と $M^{(i)}$ が設定されて計算されます．

定義域の両端をていねいに探索したいのであれば，この `consider_endpoints` 引数は True にしておくことをお勧めします．ただし，デフォルトでは False です．

(v) `n_startup_trials` 引数

`n_startup_trials` 引数は，実際に TPE による探索点選択が行われる前に，ランダムサンプリングによる初期化を何トライアル行うかを決定するためのもの

です.

デフォルトの値は 10 ですが，場合によっては，総トライアル数が 1000 なら 100，10 000 なら 1000 といったように総トライアル数の $\frac{1}{10}$ 程度に設定すると最適化の性能が向上する可能性があります．この `n_startup_trials` の値は目的関数によっても適切な値が変動するので，目的関数に応じて調整してみる価値があります.

(vi)　`n_ei_candidates` 引数

`n_ei_candidates` 引数は，TPE の獲得関数を最適化する際に，$\ell(\,\cdot\,\mid \mathcal{L}_t)$ からサンプリングする x の数を決定するためのものです.

獲得関数の最大化の精度を高めるためには，この `n_ei_candidates` 引数を可能な限り大きな値に設定するとよいです．ただし，単変量 TPE を用いている（`multivariate` 引数が False）場合，この効果は限定的でしょう．一方で，多変量 TPE を用いている（`multivariate` 引数が True）ならば，この `n_ei_candidates` 引数の値を大きくすることで得られる効果は大きなものになることが期待されます.

(vii)　`gamma` 引数

TPE では過去のトライアル全体を $\mathcal{L}_t$ と $\mathcal{G}_t$ のどちらかに振り分けますが，`gamma` 引数はその割合を決定するためのものです．具体的には，過去のトライアル数 n を受け取って，$\mathcal{L}_t$ に含まれるべきトライアル数を返す関数です．デフォルトでは

$$\mathrm{gamma}(n) = \min(\lceil 0.1n \rceil, 25) \tag{6.30}$$

と設定されています.

この `gamma` 引数の値が大きいほど，探索と活用のトレードオフにおいて，探索の比重が高まります.

(viii)　`weights` 引数

`weights` 引数は，混合モデル $\ell(\,\cdot\,\mid \mathcal{L}_t)$，$g(\,\cdot\,\mid \mathcal{G}_t)$ を構築する際に用いる重み w_j の値を決定するためものです．より具体的には，$\mathcal{L}_t$ の長さ $|\mathcal{L}_t|$ を受け取って，長さ $|\mathcal{L}_t|$ の実数列を返す関数です．これによって，x_j が $\mathcal{L}_t$ 内で k 番目であるとすると，w_j はここで計算された重みの実数列を正規化した列の k 番目として定まります.

デフォルトでは，$n = |\mathcal{L}_t|$ として

$$weights(n)$$

$$= \begin{cases} \text{np.ones}(n) & (n < 25) \\ \text{np.concatenate}\left(\left[\text{np.linspace}\left(\dfrac{1}{n}, 1, n - 25\right), \text{np.ones}(25)\right]\right) \\ & (\text{otherwise}) \end{cases}$$

$$(6.31)$$

と設定されています.NumPy ライブラリを np と略して,その中の関数を用いています.

(ix) seed 引数

seed 引数は擬似乱数を生成するアルゴリズムのシードに対応します.

(x) multivariate 引数

multivariate 引数が True であるとき,多変量 TPE が有効化されます.いいかえれば,False であるときは多変量 TPE は用いられず,単変量 TPE のみが用いられます.デフォルトは False です.この multivariate 引数を True に設定することで,性能が向上することがあると報告されています.

(xi) group 引数

group 引数を True とすると,探索空間をいくつかのグループに分割して,多変量 TPE による探索点選択を行う Optuna 独自の工夫(前の (6) 参照)が有効化されます.

ただし,この group 引数を True にするときは,multivariate 引数も True でなくてはならないことに注意してください.また,この group 引数を True にすると,TPE の探索点選択にかかる時間がグループ数に比例して増大します.デフォルトの値は False です.

(xii) warn_independent_sampling 引数

warn_independent_sampling 引数が True であって,かつ,multivariate 引数も True であるとき,単変量 TPE が用いられるときに警告が発せられます.

これは,探索空間によっては,multivariate 引数が True であっても,トライアル間で探索された変数が異なる場合,多変量 TPE では探索点が選択されず単変量 TPE が用いられる場合があることに対応しています.デフォルトの値は True です.

(xiii) `constant_liar` **引数**

`constant_liar` 引数が `True` であるとき，分散並列最適化の性能を向上させる Constant Liar アルゴリズムが有効化されます．Constant Liar アルゴリズムの詳細については文献 [11] を参考にしてください．分散並列最適化を行う際には，この `constant_liar` 引数を `True` にすることをお勧めします．デフォルトの値は `False` です．

(xiv) `constraints_func` **引数**

`constraints_func` 引数は制約付き最適化で利用される引数で，`Optional[Callable[[FrozenTrial], Sequence[float]]]` という型をもちます．利用方法などは，後述する BoTorchSampler における同じ名前の引数と同様なので，そちらを参照してください．

6.2.2 │ **ガウス過程にもとづく手法**

GP-BO は，**ガウス過程**（Gaussian process）[31] と呼ばれる確率過程の一種を利用したベイズ最適化の探索点選択アルゴリズムです [24, 38]．探索点選択に時間がかかる一方で，目的関数によっては高い性能を発揮する手法として知られています．Optuna では，GP-BO の実装として `optuna.integration.BoTorchSampler` や `optuna.integration.SkoptSampler` が利用できます．特に，前者の BoTorchSampler は，Optuna v2.4.0 で導入された比較的新しいアルゴリズムであり，多種多様なオプションが用意されており，さまざまな状況に適応できる優れたアルゴリズムです．以下ではこの BoTorchSampler にしぼって解説を行います．

まず GP-BO について説明し，その後 Optuna における BoTorchSampler の利用のしかたについて説明しましょう．

GP-BO は TPE と同様に，まず目的関数の評価値のしたがう確率モデルを仮定し，獲得関数を設計し，その最大化方法を示すことでアルゴリズムが確定します．順を追って説明しましょう．

(1) GP-BO で仮定する代表的な確率モデル

GP-BO では目的関数 f がガウス過程にしたがうことを仮定します．ここで，「平均関数 $\mu : D \to \mathbb{R}$，および，共分散関数（カーネル関数）$k : D \times D \to \mathbb{R}$ のガウス過程 $\mathcal{GP}(\mu, k)$ に関数 f がしたがう」とは，任意の自然数 n について，任意の n 個

の $x_1, x_2, \ldots, x_n \in D$ に対して，関数値のベクトル $(f(x_1), f(x_2), \ldots, f(x_n))$ が n 次元正規分布 $\mathcal{N}(m, K)$ にしたがうことをいいます．ただし，m は n 次元ベクトルで，第 i 成分は $m_i = \mu(x_i)$，K は $n \times n$ 行列で ij 成分は $K_{ij} = k(x_i, x_j)$ です．

また，多くの応用において，GP-BO では目的関数 f は平均関数 0（常に 0 を返す定数関数）のガウス過程 $\mathcal{GP}(0, k)$ にしたがうと仮定します．この理由は，適切な共分散関数 k を採用していれば，平均関数にかかわらずガウス過程 $\mathcal{GP}(0, k)$ から定まる関数空間は，広い範囲の関数を近似できることが知られているからです（普遍近似定理（universal approximation theorem））[22]．ベイズ最適化では理論上，また実用上も，多くの場合において平均関数を 0 に設定します．

一方，共分散関数 k は目的関数に応じて調整しますが，次式の二乗指数カーネル $k_{\mathrm{SE}}(x, x')$ や Matérn カーネル $k_{\mathrm{Matérn}(\nu)}(x, x')$ がよく利用されます．

$$\begin{cases} k_{\mathrm{SE}}(x, x') = \exp\left(-\dfrac{|x - x'|^2}{2l^2}\right) \\ k_{\mathrm{Matérn}(\nu)}(x, x') = \dfrac{2^{1-\nu}}{\Gamma(\nu)}\left(\dfrac{\sqrt{2\nu}|x - x'|}{l}\right)^\nu K_\nu\left(\dfrac{\sqrt{2\nu}|x - x'|}{l}\right) \end{cases}$$

(6.32)

ただし，l, ν は定数，$\Gamma(\cdot)$ はガンマ関数，K_ν は次数 ν の修正ベッセル関数です．ν の値は，実用上 $\dfrac{3}{2}$ や $\dfrac{5}{2}$ で固定され，l の値は最適化の途中で調整されます．ここでは l にすべての次元で共通の値を設定していますが，実用上は次元ごとに別々の値を設定する ARD（automatic relevance determination）カーネルを用いることが多いです．そのうえで，観測値 y には，TPE と同様に $\mathcal{N}(0, \sigma^2)$ にしたがうノイズ ε が乗ると仮定します．つまり，$y = f(x) + \varepsilon$ とします．

以上の仮定のもとで，履歴 $\mathcal{H}_t = \{(x_i, y_i)\}_{i=1}^{t-1}$ において，探索点 $x \in D$ と目的関数の評価値 y の間における確率的なモデルを導出します．詳しい途中の計算は省きますが，最終的に次式のような確率モデルが得られます．

$$p(y \mid x, \mathcal{H}_t) = \mathcal{N}(\mu_t(x, \mathcal{H}_t), \sigma_t(x, \mathcal{H}_t)^2)$$

(6.33)

ただし，$\mu_t(x, \mathcal{H}_t)$, $\sigma_t(x, \mathcal{H}_t)^2$ はそれぞれ以下のように定義されます．

$$\begin{cases} \mu_t(x, \mathcal{H}_t) = \boldsymbol{k}_t(x)^\top (\boldsymbol{K}_t + \sigma^2 I)^{-1} \boldsymbol{y}_t \\ \sigma_t(x, \mathcal{H}_t)^2 = k(x, x) - \boldsymbol{k}_t(x)^\top (\boldsymbol{K}_t + \sigma^2 I)^{-1} \boldsymbol{k}_t(x) \end{cases}$$

(6.34)

ここで $k_t(x)$ は $k_t(x) = (k(x_1, x), k(x_2, x), \ldots, k(x_{t-1}, x))^\top$ で定義される $(t-1)$ 次元ベクトル，K_t は ij 成分が $k(x_i, x_j)$ であるような $(t-1) \times (t-1)$ 行列，σ^2 は目的関数の評価値の観測値に乗るノイズの分散，I は $(t-1) \times (t-1)$ 単位行列，y_t は $y_t = (y_1, \ldots, y_{t-1})^\top$ で定義される $(t-1)$ 次元ベクトルとします．なお，添字 $\top$ は転置を表します．

GP-BO では目的関数のしたがうガウス過程にさまざまな仮定を置くことで，多種多様な確率モデルを取り扱うことができます．本書では最もシンプルなケースのみ説明しましたが，興味のある方は文献 [31] を参照してください．

(2) GP-BO で用いる代表的な獲得関数

GP-BO で用いる獲得関数にはさまざまな種類が存在します．しかし，いずれの獲得関数も探索空間上の実数値関数

$$\alpha_t : D \to \mathbb{R} \tag{6.35}$$

として定義されることは多変量 TPE と同様です．また，各トライアルにおいて，定義された獲得関数を最大化する探索点

$$x_t = \arg \max \alpha_t(x) \tag{6.36}$$

を選択し，これを目的関数に与えて目的関数の評価値の観測値 y_t を得るという仕組みは共通しています．

以下では，GP-BO の獲得関数として有名な**期待改善量**，および，**信頼上限**（upper confidence bound; UCB）について詳しく説明します．期待改善量とは，次式で定義される関数です．

$$\mathrm{EI}(x \mid \mathcal{H}_t) = \int_{-\infty}^{\infty} \max(y_t^* - y, 0)\, p(y \mid x, \mathcal{H}_t)\, dy \tag{6.37}$$

式 (6.37) は，ある x を選ぶことによって，目的関数の評価値 y が確率モデル $p(y \mid x, \mathcal{H}_t)$ についての期待値の意味で，現在得られているベストな値 y_t^* からどの程度改善するかという量を表しています．ただし，y_t^* は $\mathcal{H}_t$ をもとにして定める定数であり，特に，$\mathcal{H}_t$ における y_t の最小値がよく使われます．この y_t^* の存在によって，TPE で定義した期待改善量とは異なることに注意してください．

一方，式 (6.37) の右辺は積分を含んでおり，このままだと扱いづらいので，最大化しやすいように変形してみましょう．まず，$\phi(y)$ および $\Phi(y)$ を標準正規分

布の確率密度関数，および，累積分布関数とします．すなわち

$$
\begin{cases}
\phi(y) = \dfrac{1}{\sqrt{2\pi}} \exp\left(-\dfrac{y^2}{2}\right) \\[2mm]
\Phi(y) = \displaystyle\int_{-\infty}^{y} \phi(z)\,dz
\end{cases}
\tag{6.38}
$$

とします．このとき，$\mathrm{EI}(x \mid \mathcal{H}_t)$ は次式のように変形されます．

$$
\begin{aligned}
&\mathrm{EI}(x \mid \mathcal{H}_t) \\
&= \int_{-\infty}^{\infty} \max(y_t^* - y, 0)\, p(y \mid x, \mathcal{H}_t)\,dy \\
&= \int_{-\infty}^{y_t^*} (y_t^* - y)\, p(y \mid x, \mathcal{H}_t)\,dy \\
&= \int_{-\infty}^{y_t^*} (y_t^* - y) \frac{1}{\sqrt{2\pi\sigma_t(x, \mathcal{H}_t)^2}} \exp\left(-\frac{(y - \mu_t(x, \mathcal{H}_t))^2}{2\sigma_t(x, \mathcal{H}_t)^2}\right) dy \\
&= \int_{-\infty}^{\frac{y_t^* - \mu_t(x, \mathcal{H}_t)}{\sigma_t(x, \mathcal{H}_t)}} (y_t^* - \sigma_t(x, \mathcal{H}_t)z - \mu_t(x, \mathcal{H}_t)) \frac{1}{\sqrt{2\pi}} \exp\left(-\frac{z^2}{2}\right) dz \\
&= \int_{-\infty}^{\frac{y_t^* - \mu_t(x, \mathcal{H}_t)}{\sigma_t(x, \mathcal{H}_t)}} (y_t^* - \sigma_t(x, \mathcal{H}_t)z - \mu_t(x, \mathcal{H}_t))\phi(z)\,dz \\
&= (y_t^* - \mu_t(x, \mathcal{H}_t)) \int_{-\infty}^{\frac{y_t^* - \mu_t(x, \mathcal{H}_t)}{\sigma_t(x, \mathcal{H}_t)}} \phi(z)\,dz \\
&\quad - \sigma_t(x, \mathcal{H}_t) \int_{-\infty}^{\frac{y_t^* - \mu_t(x, \mathcal{H}_t)}{\sigma_t(x, \mathcal{H}_t)}} z\phi(z)\,dz \\
&= (y_t^* - \mu_t(x, \mathcal{H}_t))\Phi\left(\frac{y_t^* - \mu_t(x, \mathcal{H}_t)}{\sigma_t(x, \mathcal{H}_t)}\right) + \sigma_t(x, \mathcal{H}_t)\phi\left(\frac{y_t^* - \mu_t(x, \mathcal{H}_t)}{\sigma_t(x, \mathcal{H}_t)}\right) \\
&= \sigma_t(x, \mathcal{H}_t)\{z_t(x)\Phi(z_t(x)) + \phi(z_t(x))\}
\end{aligned}
\tag{6.39}
$$

ただし，最後の行では $z_t(x) = \dfrac{y_t^* - \mu_t(x, \mathcal{H}_t)}{\sigma_t(x, \mathcal{H}_t)}$ と置きました．

この $\mathrm{EI}(x \mid \mathcal{H}_t)$ は解析的にすばやく計算でき，実用上もよい性能を発揮する獲得関数です．また，理論的にもよい性質を備えていることが知られています．本書では詳細には踏み込みませんが，興味のある方は文献 [4, 25, 41] などを参照し

てください.

次に, 信頼上限について説明しましょう. 信頼上限は次式で定義される関数です.

$$\mathrm{UCB}(x \mid \mathcal{H}_t) = -\mu_t(x, \mathcal{H}_t) + \sqrt{\beta_t}\, \sigma_t(x, \mathcal{H}_t) \tag{6.40}$$

式 (6.40) では目的関数の最小化問題を考えているので, $\mu_t(x, \mathcal{H}_t)$ に $-$ (マイナス) が付いています. これは, f の最小化問題のかわりに, $-f$ の最大化問題を考えていることと等価です. また, 期待改善量と同様に, 信頼上限も解析的にすばやく計算することができます.

式 (6.40) の β_t は定数で, 探索と活用のトレードオフにおいて探索の程度の大きさを制御しており, 信頼上限を獲得関数として用いたベイズ最適化の性能に大きな影響を与えます. これをトライアル数に応じて調整することで, 式 (6.40) の獲得関数としての性能を高めることができます. 理論的な解析をもとに β_t を設定すると, 理論的にはよい性質が証明できますが [38], 実用的には探索に偏重しすぎていて使い物にならないことが知られています. β_t を t に対して減少するように設定すると, 始めのほうでは探索を, 終わりのほうでは活用を重視するような振舞いとなり, 最適化の性能が向上します. しかし, この加減を調整するために, 目的関数に応じて β_t を調整する必要があることが, 信頼上限の利用のハードルを上げてしまっています. この難点を克服するために, β_t を確率的にサンプリングする手法が提案されており, 改善が進んでいます [3].

上記の期待改善量や信頼上限のように解析的に勾配を計算することが可能な獲得関数に対しては, 勾配を利用して最大化することがきます. これには, 記憶制限付き準ニュートン法 (limited-memory Broyden – Fletcher – Goldfarb – Shanno method; L-BFGS method) がよく用いられます [43].

このほかに, GP-BO の獲得関数の中には, 知識勾配 (knowledge gradient; KG) [9], エントロピー探索 (entropy search; ES) [16], 予測エントロピー探索 (predictive entropy search; PES) [17] などのように, 解析的に計算できませんが実用的な獲得関数が知られています. 本書では詳しく説明しませんが, 興味のある方は文献 [35] を参照してください.

一方, いずれの獲得関数を使う場合でも, 各トライアルにおいて獲得関数を最大化する前にガウス過程のパラメータを調整する必要があります. これは, **最尤推定** (maximum like lihood estimation), 最大事後確率推定 (maximum a posteriori), あるいはベイズ的な取扱いにより行います. 最尤推定は非常に単純

な方法で，$\mathcal{H}_t$ に対する尤度をガウス過程のパラメータの関数とみて，これを最大化するようなガウス過程のパラメータを選択するというものです．Optuna の `BoTorchSampler` ではデフォルトではこの方法が採用されています．最大事後確率推定，ベイズ的な取扱いによるものについては文献 [35] を参照してください[*10]．

　以上のように GP-BO の確率モデル，獲得関数およびその最大化方法を定義することで，アルゴリズム全体が確定します．

(3) 制約付き最適化

　GP-BO は多種多様な設定に対して，適切な工夫を行うことで対応することのできる汎用性の高い手法です．ここでは GP-BO の応用可能性を示す一例として，GP-BO の**制約付き最適化**[10] について説明します．

　ここで，ブラックボックス最適化の制約付き最適化における「制約」とは，最適化したい目的関数以外の制約のことをいいます．これは，探索点 $x \in D$ に応じて定まる不等式の形 $c(x) \leq 0$ で表されると仮定されます．ここで関数 c は複数の不等式からなりうるとして

$$c \colon \mathbb{R}^d \to \mathbb{R}^K \tag{6.41}$$

と表すことができます．ただし，K が制約の数です．c を**制約関数**（constraint function）と呼びます．

　いま，制約を定める関数 c がブラックボックス関数であるとし，目的関数を計算する過程で $c(x)$ の値も計算され，x を選んだ時点では制約が満たされているかどうかの判断ができないとします．この仮定の存在によって通常の連続最適化問題や凸最適化問題の手法は単純には適用できません．

　また，制約が満たされない x についても目的関数の評価値や $c(x)$ の値が計算できると仮定し，各トライアルで探索点 x_t，目的関数の評価値 y_t，そして制約の値

$$w_t = c(x_t) + \varepsilon' \tag{6.42}$$

が得られるとします．ε' は制約の値に乗るノイズで，$\mathcal{N}(0, \sigma'^2)$ にしたがうとします．制約付き最適化における履歴は

[*10] 最尤推定による方法よりも，これらの方法のほうが調整に時間がかかりますが，性能が高いことが報告されています[36]．

$$\mathcal{H}_t = \{(x_i, y_i, w_i)\}_{i=1}^{t-1} \tag{6.43}$$

と表されます.

いま,目的は,制約 $c(x) \leq 0$ を満たす $x \in D$ であって,目的関数 f を最小化するものを見つけることです.そのためには,各トライアルで探索点 x_t を選ぶときに,目的関数だけでなく制約関数のことも考慮して選ぶことができる獲得関数が必要です.そのようなものの 1 つが**制約付き期待改善量**(expexted constrained improvement; EI_c)[10] です.

制約付き期待改善量を定義するにあたって,いくつか準備を行います.まず,目的関数 f がガウス過程 $\mathcal{GP}(0, k)$ にしたがうだけでなく,制約関数 c もガウス過程 $\mathcal{GP}(0, k_c)$ にしたがうとし,かつ,f と c は与えられた x に対して条件付き独立であるとします.すなわち,任意の有限個の $x_1, x_2, \ldots, x_n$ に対して,それぞれ確率密度関数 p について次式が成り立つと仮定します.

$$
\begin{aligned}
&p(\{(f(x_i), c(x_i))\}_{i=1}^n \mid \{x_i\}_{i=1}^n) \\
&= p(\{f(x_i)\}_{i=1}^n \mid \{x_i\}_{i=1}^n) \times p(\{c_i\}_{i=1}^n \mid \{x_i\}_{i=1}^n) \\
&= \mathcal{N}(0, K) \times \mathcal{N}(0, K_c)
\end{aligned}
\tag{6.44}
$$

ただし,K は $n \times n$ 行列で ij 成分が $K_{ij} = k(x_i, x_j)$ であるもの,K_c は $n \times n$ 行列で ij 成分が $(K_c)_{ij} = k_c(x_i, x_j)$ であるものとします.

ここで,$\Delta(x \mid \mathcal{H}_t)$ を次式のパラメータで定まるベルヌーイ分布[*11] にしたがう確率変数とします.

$$\Pr(w \leq 0 \mid x, \mathcal{H}_t) = \int_{-\infty}^{0} p(w \mid x, \mathcal{H}_t)\, dw \tag{6.45}$$

c はガウス過程 $\mathcal{GP}(0, k_c)$ にしたがうと仮定しているので,式 (6.45) の $p(w \mid x, \mathcal{H}_t)$ は $p(y \mid x, \mathcal{H}_t)$ と同様に正規分布となります.このとき,$\Delta(x \mid \mathcal{H}_t)$ を用いて,制約付き期待改善量は次式のように定義されます.

$$\mathrm{EI}_c(x \mid \mathcal{H}_t) = \int_{-\infty}^{\infty} \int_{-\infty}^{\infty} \Delta(x \mid \mathcal{H}_t) \max(y_t^* - y, 0)\, p(y, w \mid x, \mathcal{H}_t)\, dy\, dw \tag{6.46}$$

[*11] p をパラメータとして,確率 p で 1 を,確率 $(1-p)$ で 0 をとるような 2 値の離散確率分布をベルヌーイ分布といいます.

ただし，y_t^* は，$\mathcal{H}_t$ に登場する y_t であって制約 $w_t \leq 0$ を満たすもの全体の中で y_t が最小のものとして選びます．式 (6.46) を変形すると次式のようになります．

$$
\begin{aligned}
&\mathrm{EI}_c(x \mid \mathcal{H}_t) \\
&= \int_{-\infty}^{\infty} \int_{-\infty}^{\infty} \Delta(x \mid \mathcal{H}_t) \max(y_t^* - y, 0)\, p(y, w \mid x, \mathcal{H}_t)\, dy\, dw \\
&= \int_{-\infty}^{\infty} \int_{-\infty}^{\infty} \Delta(x \mid \mathcal{H}_t) \max(y_t^* - y, 0)\, p(y \mid x, \mathcal{H}_t)\, p(w \mid x, \mathcal{H}_t)\, dy\, dw \\
&= \int_{-\infty}^{\infty} \Delta(x \mid \mathcal{H}_t)\, p(w \mid x, \mathcal{H}_t)\, dw \int_{-\infty}^{\infty} \max(y_t^* - y, 0)\, p(y \mid x, \mathcal{H}_t) dy \\
&= \Pr(w \leq 0 \mid x, \mathcal{H}_t)\, \mathrm{EI}(x \mid \mathcal{H}_t)
\end{aligned}
$$

$$(6.47)$$

制約付き期待改善量は，通常の期待改善量に制約が満たされる確率を重みとしてかけ合わせた量として定義されていることがわかります．

このような獲得関数の制約付き期待改善量を用いて，各トライアルで探索点 x_t を選択することで，目的関数と制約関数の両方を考慮することができます．十分なトライアルが完了した後に最適な x を選ぶ際は，制約 $w_i \leq 0$ を満たす x_i の中で，最も y_i を小さくするものを選べばよいです．

(4) Optuna における GP-BO の実装・使い方

GP-BO のアルゴリズムについて，最も単純な設定にしぼって説明をしてきました．ここでは，Optuna に実装されている GP-BO の 1 つである `optuna.integration.BoTorchSampler` について説明を行います．ただし，`BoTorchSampler` は Meta 社の開発するベイズ最適化ライブラリ BoTorch を Optuna 側で使いやすくカスタマイズしたものであり，十分に使いこなすためには BoTorch 自体にも習熟している必要があります．また，`BoTorchSampler` は `TPESampler` と比べてユーザが設定する引数の抽象度が高く，その分，さまざまな設定に応用することができます．それらの具体的な設定方法についても簡単に触れながら説明します．

Optuna v3.0.4 時点における `BoTorchSampler` の引数をまとめて**表 6.2** に示します．以下ではこれらの各引数がどのような役割を果たしているのかについても簡単に説明しますが，詳細は Optuna のドキュメントを参照してください．

表 6.2　BoTorchSampler の引数

引数名	型	デフォルト値
candidates_func	Optional[関数（型などは本文で説明）]	None
constraints_func	Optional[関数（型などは本文で説明）]	None
n_startup_trials	int	10
independent_sampler	Optional[BaseSampler]	None

(i)　candidates_func 引数

candidates_func 引数は，BoTorchSampler が探索点をどのように選択するのかを決定するアルゴリズムの中核をなすものです．型は

① 　torch.Tensor 型の train_x
② 　torch.Tensor 型の train_obj
③ 　Optional[torch.Tensor] 型の train_con
④ 　torch.Tensor 型の bounds

という 4 つの引数を受け取って，1 つの torch.Tensor を返す関数です．それぞれの引数の意味，candidates_func 関数が返す値の意味，そしてデフォルトの設定について順に説明を行います．

① 　train_x 引数

　　train_x 引数はこれまでに完了したトライアルの探索点の情報を表し，形状（shape）は (n_trials, n_params) です．ただし，n_trials は完了したトライアルの数，n_params は BoTorchSampler の探索空間の次元です．

　　ここで，BoTorchSampler の探索空間は目的関数の探索空間 D と同一ではないことに注意してください．目的関数の探索空間 D は，candidates_func が呼ばれる前に BoTorchSampler の探索空間に加工されます．具体的に

は，カテゴリカルな変数は **one-hot エンコーディング**[*12] され，カテゴリ
カルでない変数も設定してある分布に応じて加工されます[*13].

また，`train_x` は，各トライアルの探索点が BoTorchSampler の探索
空間に合うように変換された `torch.Tensor` です．この値は正規化されて
いないことに注意してください．

② `train_obj` 引数

`train_obj` 引数は，これまでに完了したトライアルの目的関数の評価値の
情報を表し，形状は (`n_trials`, `n_objectives`) です．ただし，`n_trials`
は完了したトライアルの数，`n_objectives` は目的関数の出力の次元です．

ここで，単目的最適化のアルゴリズムの場合，`n_objectives` は常に 1
ですが，BoTorchSampler はそのまま多目的最適化にも使うことができる
ので，1 より大きな値である可能性があります．また，この値も正規化さ
れていないことに注意してください．

③ `train_con` 引数

`train_con` 引数は，制約付き最適化を行うときに `torch.Tensor` 型の
値に設定される引数です．制約が存在しない場合には None とします．

制約付き最適化を行うときには，ユーザは BoTorchSampler の
`constraints_func` 引数で，制約の値を Optuna に伝えます．その
`constraints_func` 引数の関数値をトライアルごとに計算した値が `train_`
`con` 引数に格納されることになります．

形状は (`n_trials`, `n_constraints`) です．ただし，`n_trials` は完了し
たトライアル数，`n_constraints` は制約数です．詳細は `constraints_func`
引数のところでまとめて説明します．

[*12] one-hot エンコーディング（one-hot encoding）とは，カテゴリカルな変数を連続的な
変数に変換するテクニックの 1 つで，機械学習においてよく用いられます．これは K ク
ラスのカテゴリカル変数 $x \in \{C_1, \ldots, C_K\}$ に対して，これを K 次元の連続的なベクト
ル $z \in \{0,1\}^K$ に変換します．変換規則は，$x = C_k$ のとき，k 次元目だけが 1 で，そ
れ以外が 0 であるようなベクトルとして z をとります．

[*13] 実装の詳細は，`optuna._transform._SearchSpaceTransform` で確認することができ
ます．

④ bounds 引数

　　bounds 引数は目的関数の探索空間 D を変換した BoTorchSampler の探索空間を表します．形状は (2, n_params) で，この n_params は BoTorch Sampler の探索空間の次元です．なお，BoTorchSampler の探索空間において，i 番目の変数の定義域は［bounds[0, i], bounds[1, i]］です．

⑤ candidates_func 関数が返す値

　　candidates_func 関数が返す値は，形状が (n_params,) か (1, n_params) であるような torch.Tensor です[*14]．この値は BoTorch Sampler の探索空間上の点を表し，目的関数の探索空間上の点に復元されます．すなわち，candidates_func は，内部で GP-BO の確率モデルの構築，獲得関数の構築，ハイパーパラメータ調整，獲得関数の最大化などを一気に行って，探索点を選択します．ユーザは，上で述べたように適切に加工された引数（train_x, train_obj, train_con, bounds）を利用して，candidates_func の内部で BoTorch の機能を自由に使って探索点選択を行うアルゴリズムを指定することができます．このように，Optuna が実装している BoTorchSampler のおかげで，目的関数の探索空間が複雑な場合でも，BoTorch の機能を簡単に利用することができます．

⑥ デフォルトの candidates_func 引数の中身

　　単目的最適化の場合，candidate_func のデフォルト値として optuna. integration.botorch.qei_candidates_func が用いられます．ここで，qei_candidates_func は，まず入力された train_x や train_obj や train_con などを適切に正規化し，その後，上で説明したような GP-BO の基本的な確率モデルを目的関数・制約関数の双方に対して構築します．そして，最尤推定によって確率モデルのハイパーパラメータを調整します．

---

*14 BoTorch では，candidates_func の返り値に相当するものの形状は (n_params,) か (n_points, n_params) です．ここで，n_points は，あるトライアルで選ばれる複数の探索点の数です．しかし，Optuna v3.0.4 時点では複数の探索点を一度に返すようなインタフェースが Optuna 側に用意されていないことに注意してください．したがって，n_points は常に 1 になります．

獲得関数としては，上で説明した期待改善量が用いられます[*15]．その後，構築した確率モデルや獲得関数を BoTorch の `optimize_acqf` 関数に渡して，L-BFGS によって探索点を選択します．

(ii) `constraints_func` 引数

`constraints_func` 引数は，制約付き最適化を行う際に指定する引数で，ユーザが Optuna に，各トライアルにおいて制約がどの程度満たされているのかを報告するためのものです．型は `None` であるか，または `FrozenTrial` を受け取って `float` の列（リストやタプルなど）を返す関数です．デフォルトでは `None` が設定されています．

制約がどの程度満たされているのかを報告するためには，Optuna の目的関数の定義の中で，制約の値 $c(x)$ を計算する必要があります．制約の値 $c(x)$ は複数存在する可能性があるので，計算が終わった後，ユーザは目的関数の引数である `Trial` オブジェクトの `set_user_attr` 関数を呼んで `Trial` オブジェクトにそれらの値を保存します．こうすることで，以降のトライアルにおいて制約の値が利用可能になります．

`constraints_func` 内では，引数として受け取った `FrozenTrial` オブジェクトの制約の値を取り出して返します．制約が複数ある場合，それらをまとめてリストやタプルにして返すとよいでしょう[*16]．

(iii) `n_startup_trials` 引数

`n_startup_trials` 引数は，GP-BO のアルゴリズムを動かす前に，いくつのトライアルを初期化用にサンプリングするか定めるためのものです．

ここで，初期化用のサンプラーは，次に説明する `independent_sampler` 引数により選択されます．デフォルトの値は 10 です．

(iv) `independent_sampler` 引数

`independent_sampler` 引数は，初期化時や，`BoTorchSampler` が扱える探索空間からあぶれた変数の選択のために用いられます．型は `None` か Optuna のサンプラー（`optuna.samplers.BaseSampler` を継承したクラス）です．デフォル

[*15] 正確には，探索点を同時に複数選択できる Monte Carlo-based batch Expected Improvement と呼ばれる獲得関数が用いられていますが，Optuna では同時に選択できる探索点を 1 つに限定しているので，これは通常の期待改善量と等価です．

[*16] 実際の使い方は 3.2 節，および，Optuna の Examples を参照してください．

トは None で, その場合は `optuna.samplers.RandomSampler` が使用されます.

ここで, `BoTorchSampler` は, 後述する CMA-ES や NSGA-II と同様に, `optuna.samplers.IntersectionSearchSpace` と呼ばれる探索空間の構築方法を採用しています. つまり, `BoTorchSampler` が扱える探索空間は, これをもとに構築されます. 具体的には, 過去の完了したそれぞれのトライアル t について, 選択した変数の集合 `t.distributions` をとり, すべての完了したトライアルにわたってそれらの交差集合をとります. さらに探索空間が 1 点になっているような変数を除外して, `BoTorchSampler` が扱える探索空間とします.

6.2.3 ｜ **CMA-ES**

CMA-ES (covariance matrix adaptation evolutionary strategy) とは, ブラックボックス最適化において, 単目的最適化に用いられる**進化計算** (evolutionary computation) [46] の手法の 1 つです. これは Optuna でも, `optuna.samplers.CmaEsSampler` として利用可能です.

この `CmaEsSampler` は内部で GitHub の CyberAgentAILab オーガナイゼーションで開発されている cmaes [*17] を利用しています. 本項では, CMA-ES のアルゴリズムについて説明したうえで, Optuna の `CmaEsSampler` の実装・使い方について説明を行います.

(1) CMA-ES のアルゴリズムの概要

CMA-ES は, 定義域が連続的な変数である非線形かつ非凸なやや扱いづらい関数 [*18] を最適化するための手法で, 進化計算のアルゴリズムの一種です. CMA-ES では, トライアルの集合を**集団** (population) と呼び, それらの集団を順に第 1 世代, 第 2 世代, … とします. また, 各世代の集団の大きさを**個体数** (population size) と呼びます. CMA-ES では, これらの世代ごとに探索点の集合を個体数だけ選択します.

CMA-ES の各トライアルにおける探索点の選択は, ベイズ最適化における獲得関数の最大化とは中身が大きく異なります. CMA-ES では, まず各トライアルが

---

*17 https://github.com/CyberAgentAILab/cmaes （2023 年 1 月確認）

*18 例えばリスト 2.4 で紹介した Beale 関数も, こうした関数の 1 つです.

何世代目に入るかを計算する必要があります．ここで，世代 $g = 0, 1, \ldots$ にそれぞれ λ 個のトライアルが属するとします．この λ が個体数であり，以下では世代によらず一定とします．

世代 g において，平均ベクトル $m^{(g)} \in \mathbb{R}^d$，ステップサイズ $\sigma^{(g)} \in \mathbb{R}$，共分散行列 $C^{(g)} \in \mathbb{R}^{d \times d}$ を構築し，これらをもとにして多次元正規分布から，世代 $(g + 1)$ における k 個目の探索点を

$$x_k^{(g+1)} \sim \mathcal{N}(m^{(g)}, (\sigma^{(g)})^2 C^{(g)}) \tag{6.48}$$

のように選択します．式 (6.48) より，CMA-ES の探索点選択は確率的に行われることがわかります．

以下では各世代における平均ベクトル $m^{(g)}$，ステップサイズ $\sigma^{(g)}$，共分散行列 $C^{(g)}$ の構築方法について説明します．

(2) CMA-ES のアルゴリズムの詳細：平均ベクトルの移動

平均ベクトルは，CMA-ES の探索点選択において重要な役割を果たします．探索点をサンプリングする際の平均ベクトルは，それ自体が探索空間のどの部分を重要視しているかの指標となるからです．ここでは平均ベクトルの構築方法について簡単に述べていきます．より詳しく知りたい方は，文献 [14] を参照してください．

g 世代目まで探索が完了しているとして，$(g+1)$ 世代目の探索点選択に用いる平均ベクトル $m^{(g)}$ をどのように構築するのかについて考えます．$m^{(g)}$ は，g 世代目の探索点の中から μ $(\leq \lambda)$ 点選んだ探索点の重み付き和として，次式で定義されます．

$$m^{(g)} = \sum_{i=1}^{\mu} w_i\, x_{i:\,\lambda}^{(g)} \tag{6.49}$$

ただし，w_i は各探索点の重みで次式を満たします．

$$\sum_{i=1}^{\mu} w_i = 1 \qquad (w_1 \geq w_2 \geq \cdots \geq w_\mu > 0) \tag{6.50}$$

また，$\{x_{i:\,\lambda}^{(g)}\}_{i=1}^{\lambda}$ は $\{x_i\}_{i=1}^{\lambda}$ を評価値 y_i のよい順（小さい順）に並び替えたものです．ここで，μ や $\{w_i\}_{i=1}^{\mu}$ の具体的な値として $\mu = \dfrac{\lambda}{2}$，および

$$w_i = \frac{\mu - i + 1}{\displaystyle\sum_{i=1}^{\mu}(\mu - i + 1)} \tag{6.51}$$

がよく用いられます。式 (6.51) の w_i は i に対して線形に減衰するよう定義されています。

(3) CMA-ES のアルゴリズムの詳細：ステップサイズの調整

ステップサイズは，共分散行列のスケールを調整するために重要な役割を果たします。後述する共分散行列の調整にはヒューリスティクス（発見的手法）が多分に含まれていますが，このステップサイズの調整にもヒューリスティクスが含まれます [14]。ここでは各トライアルにおけるステップサイズの構築方法について簡潔に述べます。

$(g + 1)$ 世代目の探索点選択に用いるステップサイズ $\sigma^{(g)}$ は，g 世代目まで探索が完了しているとして，$\sigma^{(g-1)}$ を用いて次式のように定義されます。

$$\sigma^{(g)} = \sigma^{(g-1)} \exp\left\{ \frac{c_\sigma}{d_\sigma} \left(\frac{\|p_\sigma^{(g)}\|}{E\|\mathcal{N}(0, I)\|} - 1 \right) \right\} \tag{6.52}$$

ただし，c_σ，d_σ，$E\|\mathcal{N}(0, I)\|$，$p_\sigma^{(g)}$ は以下のように定義されます。

まず，平均ベクトルを定義したときに用いた重み $\{w_i\}_{i=1}^{\mu}$ に対して

$$\mu_{\text{eff}} = \left(\sum_{i=1}^{\mu} w_i^2 \right)^{-1} \tag{6.53}$$

と置きます。これを用いて c_σ と d_σ を

$$\begin{cases} c_\sigma = \dfrac{\mu_{\text{eff}} + 2}{n + \mu_{\text{eff}} + 5} \\ d_\sigma = 1 + 2 \cdot \max\left(0, \sqrt{\dfrac{\mu_{\text{eff}} - 1}{n + 1}} - 1 \right) + c_\sigma \end{cases} \tag{6.54}$$

と定義します。また，$E\|\mathcal{N}(0, I)\|$ は，n 次元標準正規分布 $\mathcal{N}(0, I)$ にしたがう確率変数のユークリッドノルム [*19] の期待値とします。さらに，$p_\sigma^{(g)}$ は次式によって各

---

*19　ベクトル $x \in \mathbb{R}^d$ に対して，$\sqrt{\displaystyle\sum_{i=1}^{d} x^{(i)^2}}$ を x のユークリッドノルム（Euclid norm）といいます。

トライアルで更新されるベクトルで，共役進化パス（conjugate evolution path）と呼ばれます．

$$p_\sigma^{(g)} = (1 - c_\sigma) \cdot p_\sigma^{(g-1)}$$
$$+ \sqrt{c_\sigma(2 - c_\sigma)\mu_{\text{eff}}} \cdot C^{(g-1)^{-\frac{1}{2}}} \cdot \frac{m^{(g)} - m^{(g-1)}}{\sigma^{(g-1)}} \quad (6.55)$$

式 (6.55) の初期値は $p_\sigma^{(0)} = 0$ とします．

(4) CMA-ES のアルゴリズムの詳細：共分散行列の適応

CMA-ES の探索点選択では，共分散行列によって，CMA-ES の各世代における集団の広がりが特徴付けられます．このため，CMA-ES の共分散行列に関する研究は数多くあり，Optuna で利用されている CMA-ES の共分散行列の構築方法はいくつかの有力な方法を組み合わせたものになっています．以下では実際にOptuna で採用しているアルゴリズムについて簡単に説明します[14]．

g 世代目まで探索が完了しているとして，$(g+1)$ 世代目の探索点選択に用いる共分散行列 $C^{(g)}$ をどのように構築するのかについて述べましょう．まずはいくつかの記号を定義します．平均ベクトルと同様に $\{x_{i:\lambda}^{(g)}\}_{i=1}^{\lambda}$ を，$\{x_i\}_{i=1}^{\lambda}$ の評価値 y_i のよい順（小さい順）に並び替えたものとして

$$y_{i:\lambda}^{(g)} = \frac{x_{i:\lambda}^{(g)} - m^{(g)}}{\sigma^{(g)}} \quad (6.56)$$

と定義します．また，進化パス（evolution path）と呼ばれるベクトル $p_c^{(g)}$ を次式によって世代ごとに定義します．

$$p_c^{(g)} = (1 - c_c) \cdot p_c^{(g-1)} + \sqrt{c_c(2 - c_c)\mu_{\text{eff}}} \cdot \frac{m^{(g)} - m^{(g-1)}}{\sigma^{(g-1)}} \quad (6.57)$$

ただし，c_c は定数で，次式の値を用います．

$$c_c = \frac{4 + \dfrac{\mu_{\text{eff}}}{n}}{n + 4 + 2\dfrac{\mu_{\text{eff}}}{n}} \quad (6.58)$$

進化パスの初期値は $p_c^{(0)} = 0$ とします．

以上のように定義した量をもとにして，Optuna で利用している共分散行列 $C^{(g)}$ はトライアルごとに次式で更新されます．

$$C^{(g)}$$

$$= \left(1 - c_1 - c_\mu \sum_{i=1}^{\lambda} w_i\right) C^{(g-1)} + c_1 p_c^{(g)} p_c^{(g)\top} + c_\mu \sum_{i=1}^{\lambda} w_i y_{i:\lambda}^{(g)} y_{i:\lambda}^{(g)\top}$$

$$(6.59)$$

ただし，c_1 および c_μ は定数で，次式の値を用います．

$$\begin{cases} c_1 = \dfrac{2}{(n+1.3)^2 + \mu_{\text{eff}}} \\[4mm] c_\mu = \min\left(1 - c_1, \ \dfrac{2\left(\mu_{\text{eff}} - 2 + \dfrac{1}{\mu_{\text{eff}}}\right)}{(n+2)^2 + \mu_{\text{eff}}}\right) \end{cases} \quad (6.60)$$

以上によって，CMA-ES の実装に必要な，各世代における平均ベクトル $m^{(g)}$，ステップサイズ $\sigma^{(g)}$，および，共分散行列 $C^{(g)}$ が用意できました．各トライアルでは，これらを用いて定まる多次元正規分布から探索点を選択します．

(5) Optuna における CMA-ES の実装・使い方

ここでは Optuna で実装されている CMA-ES（`optuna.samplers.CmaEs Sampler`）について説明します．`CmaEsSampler` は CyberAgentAILab/cmaes を利用して実装されていますが，CyberAgentAILab/cmaes の内部実装を知らずとも簡単に利用することができます．

Optuna v3.0.4 時点における `CmaEsSampler` の引数全体を**表 6.3** にまとめます．以下ではこれらの引数がどのような役割を果たしているのかについて，簡単に説明します．詳細は Optuna のドキュメントを参照してください．

(i) x0 引数

x0 引数は，CMA-ES アルゴリズムの平均ベクトルの初期値を指定するためのものです．デフォルト値は `None` で，その場合は各変数の定義域の中点が初期値として用いられます．

また，後述する `restart_strategy` 引数が指定された場合は，各変数の初期値はそれぞれの探索空間からランダムに，各リスタートで選択されます．

表 6.3　CmaEsSampler の引数

引数名	型	デフォルト値
x0	Optional[Dict[str, Any]]	None
sigma0	Optional[float]	None
n_startup_trials	int	1
independent_sampler	Optional[BaseSampler]	None
warn_independent_sampling	bool	True
seed	Optional[int]	None
consider_pruned_trials	bool	False
restart_strategy	Optional[str]	None
popsize	Optional[int]	None
inc_popsize	int	2
use_separable_cma	bool	False
source_trials	Optional[List[FrozenTrial]]	None

(ii)　sigma0 引数

sigma0 引数は CMA-ES アルゴリズムのステップサイズの初期値を指定するためのものです．デフォルトは None で，その場合は各変数において，定義域の幅の中で最小の値を 6 で除したものが用いられます．

(iii)　n_startup_trials 引数

n_startup_trials 引数は，ほかのサンプラーと同様に，CMA-ES のアルゴリズムを動かす前に初期化するトライアル数を定めるためのものです．デフォルトの値は 1 です．

実際に初期化するトライアルは，次に説明する independent_sampler 引数により選択されます．

(iv)　independent_sampler 引数

independent_sampler 引数は，初期化時や，CmaEsSampler が扱える探索空間からあぶれた変数の選択に用いられます．型は None か Optuna のサンプラー（optuna.samplers.BaseSampler を継承したクラス）です．デフォルトは None で，その場合は optuna.samplers.RandomSampler が使用されます．

ここで，CmaEsSampler が扱える探索空間は，BoTorchSampler と同様に定まるものです．

(v) `warn_independent_sampling` **引数**

`warn_independent_sampling` 引数は，`independent_sampler` 引数で指定されたサンプラーによる探索点選択が行われた際に，`True` とすることでユーザに警告を発するためのものです．ただし，初期化時には発せられません．

デフォルトの値は `True` です．

(vi) `seed` **引数**

`seed` 引数は擬似乱数を生成するアルゴリズムのシードに対応しています．

(vii) `consider_pruned_trials` **引数**

`consider_pruned_trials` 引数は，Optuna の枝刈り機能によって枝刈りされた過去のトライアルも探索点選択の際に考慮するためのものです．`optuna.pruners.MedianPruner` を用いているときは `False` に，一方，`optuna.pruners.HyperbandPruner` を用いているときは `True` にしたほうがよいことが実験的に報告されています．

デフォルトの値は `False` です．

(viii) `restart_strategy` **引数**

`restart_strategy` 引数は，CMA-ES アルゴリズムが局所解にはまってしまった場合に用いるリスタート戦略を指定するためのものです．

これに，"ipop" を指定すると，個体数を増大させてリスタートを行うアルゴリズム **IPOP-CMA-ES**[1] が適用されます（`inc_popsize` の説明参照）．それ以外の値を指定すると，`ValueError` となります．

デフォルトの値は `None` で，この場合はリスタートしません．

(ix) `popsize` **引数**

`popsize` 引数は，CMA-ES の各世代の個体数 λ を定めるためのものです．`restart_strategy = 'ipop'` であるとき，この値が世代のトライアル数の初期値となります．

(x) `inc_popsize` **引数**

`inc_popsize` 引数は，`restart_strategy` 引数が "ipop" である場合にのみ有効な引数で，リスタートの際に個体数にかけられる定数を指定するためのものです．

デフォルトの値は 2 です．

(xi) `use_separable_cma` **引数**

`use_separable_cma` 引数は，CMA-ES の共分散行列を対角行列に制限する特殊なアルゴリズム **Separable CMA-ES**[33] を用いるためのものです．この制限によって，CMA-ES の各トライアルにおける正規分布の収束の速度が上がり，変数間の相関が小さい目的関数に対しては性能の向上が期待されます．

デフォルトの値は False です．

(xii) `source_trials` **引数**

`source_trials` 引数は，**Warm Starting CMA-ES** と呼ばれる特殊なアルゴリズムを用いるためのものです [26]．

Warm Starting CMA-ES は転移学習[*20] アルゴリズムの一種で，別の最適化の履歴を用いて，今回の最適化の初期値を調整するアルゴリズムです．この `source_trials` 引数で与えられる `optuna.trial.FrozenTrial` のリストは今回の最適化の前に行った別の最適化の履歴に相当します．

なお，`x0`, `sigma0`, `use_separable_cma` 引数と同時に利用することができないので注意してください．

デフォルトの値は None です．

[*20] ある設定で学習した結果を，別の似た設定の学習に利用することを転移学習（transfer learning）といいます．

6.3 多目的最適化における 探索点選択のアルゴリズム

本節では，話を多目的最適化のアルゴリズムに移します．6.3.1 項で TPE の多目的最適化への拡張である多目的 TPE の説明を行い，続く 6.3.2 項で Optuna の多目的最適化におけるデフォルトの探索点選択アルゴリズムである NSGA-II の説明を行います．

6.3.1 | 多目的 TPE

多目的 TPE（multi-objective tree-structured Parzen estimator; **MOTPE**）[28] は，単目的最適化のための TPE を多目的最適化に拡張したアルゴリズムです．目的関数の出力が多次元である場合，`TPESampler` は自動的に，内部で多目的 TPE を用いて探索点を選択するよう実装されています．多目的 TPE は `optuna.samplers.TPESampler` として利用することができ，そのほかの利用方法も単目的 TPE とまったく同様です．

多目的最適化の問題設定について簡単に説明します．いま，目的関数を $y = f(x)$，x の定義域を $D \subset \mathbb{R}^d$ とし，有界な集合とします．また，目的関数の評価値については $y \in \mathbb{R}^m$ とします．多目的最適化であるため，m は 2 以上の整数です．

また，t 番目のトライアルにおいて $x_t \in D$ を選んで目的関数に与えると，$y_t = f(x_t) + \varepsilon$ が得られるとします．ε は正規分布 $\mathcal{N}(0, \sigma^2 I)$（$I$ は $m \times m$ 単位行列）にしたがう m 次元のノイズです．

t 番目のトライアルにおいて $(t-1)$ 番目までのトライアルが終了していると仮定し，それまでの探索点と目的関数の評価値のペアの系列

$$\mathcal{H}_t = \{(x_i, y_i)\}_{i=1}^{t-1} \tag{6.61}$$

を履歴とします．x_t はこの履歴をもとにして多目的 TPE によって選ばれます．

多目的 TPE のアルゴリズムは通常の TPE のアルゴリズムにおいて確率的なモデルと獲得関数の 2 つを修正することで得られます．順に説明をしていきましょう．獲得関数の最大化方法や Optuna の使い方については 6.2.1 項を参照してください．また，6.2.1 項で説明した通常の TPE を，この説で説明する多目的

TPE と区別して，ここでは**単目的 TPE**(single-objective tree-structured Parzen estimator）と呼ぶことにします．

(1) 多目的 TPE で仮定する確率的なモデル

多目的 TPE で仮定する確率的なモデルについて述べる前に，すでに 6.2.1 項で説明した単目的 TPE で仮定した確率的なモデルについて復習しておきましょう．単目的 TPE では次式のようなモデルを仮定しました．

$$p(x^{(i)} \mid y, \mathcal{H}_t) = \begin{cases} \ell(x^{(i)} \mid \mathcal{L}_t) & (y < y^*) \\ g(x^{(i)} \mid \mathcal{G}_t) & (y \geq y^*) \end{cases} \tag{6.62}$$

ここで，y^* はあらかじめ与えられた定数 γ に対して $\gamma = p(y < y^* \mid \mathcal{H}_t)$ を満たすようとります．また，$\mathcal{L}_t$, $\mathcal{G}_t$ は次のようにとります．

$$\begin{cases} \mathcal{L}_t = \{x_j \mid (x_j, y_j) \in \mathcal{H}_t, y_j < y^*\} \\ \mathcal{G}_t = \{x_j \mid (x_j, y_j) \in \mathcal{H}_t, y_j \geq y^*\} \end{cases} \tag{6.63}$$

$\ell(\cdot \mid \mathcal{L}_t) \colon \mathbb{R} \to \mathbb{R}$ と $g(\cdot \mid \mathcal{G}_t) \colon \mathbb{R} \to \mathbb{R}$ はともに 1 次元実数値関数であり，$x^{(i)}$ の型に応じて定義しています．目的関数の評価値の扱いという観点で式 (6.62) を改めてみてみると，履歴 $\mathcal{H}_t$ における各トライアルの目的関数の評価値 y_j は，主に $\mathcal{H}_t$ の各点を $\mathcal{L}_t$ と $\mathcal{G}_t$ に分ける際に用いられていることに気がつきます．したがって，多目的最適化に単目的 TPE を拡張する際には，目的関数の評価値が多次元になっていることをうまく考慮して，$\mathcal{H}_t$ の各点を $\mathcal{L}_t$ と $\mathcal{G}_t$ に分けることが鍵になります．

多目的 TPE で仮定する確率的なモデルは，具体的には次式とします．

$$p(x^{(i)} \mid y, \mathcal{H}_t) = \begin{cases} \ell(x^{(i)} \mid \mathcal{L}_t) & (Y^* \npreceq y) \\ g(x^{(i)} \mid \mathcal{G}_t) & (Y^* \preceq y) \end{cases} \tag{6.64}$$

ここで，$\preceq$ は $\mathbb{R}^m$ における半順序 (partial order) であり，次式で定義される 2 項関係です．

$$a, b \in \mathbb{R}^m \text{ について，} a \preceq b \Longleftrightarrow \forall i \in \{1, \ldots, m\} \ a^{(i)} \leq b^{(i)} \tag{6.65}$$

この半順序 $\preceq$ は，多目的最適化の分野では**支配関係** (dominance relation) などと呼ばれ，よく用いられます．また，$a \preceq b$ かつ $a \neq b$ のとき $a \prec b$ と書きます．また集合 $A \subset \mathbb{R}^m$ と $b \in \mathbb{R}^m$ に対して，$A \preceq b$ とは，ある $a \in A$ が存在して $a \preceq b$ が成り立つことをいいます．**図 6.1** に支配関係のイメージを図示します．

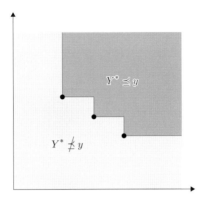

$$Y^* \preceq y$$

$$Y^* \not\preceq y$$

図 6.1　支配関係の図

（黒点が集合 Y^* を表し, 領域は $Y^* \preceq y$ および $Y^* \not\preceq y$ を満たす y 全体を表す）

　さて, 多目的 TPE で仮定する確率モデルにおいて Y^* は, あらかじめ定められた γ に対して

$$p(Y^* \not\preceq y) = \gamma \tag{6.66}$$

を満たす $\mathbb{R}^m$ の部分集合を表します. この Y^* を用いて, $\mathcal{L}_t$ と $\mathcal{G}_t$ は次のように定義することができます.

$$\begin{cases} \mathcal{L}_t = \{x_j \mid (x_j, y_j) \in \mathcal{H}_t,\, Y^* \not\preceq y_j\} \\ \mathcal{G}_t = \{x_j \mid (x_j, y_j) \in \mathcal{H}_t,\, Y^* \preceq y_j\} \end{cases} \tag{6.67}$$

ここで, $\ell(\cdot \mid \mathcal{L}_t) \colon \mathbb{R} \to \mathbb{R}$ と $g(\cdot \mid \mathcal{G}_t) \colon \mathbb{R} \to \mathbb{R}$ の定義は単目的 TPE と同様です. 一方, 単目的 TPE との違いは, $\ell(\cdot \mid \mathcal{L}_t)$ を構築する際に分布を混合するための重みを工夫している点です. この重みの工夫について詳しくは次項で説明します.

　実際に各トライアルにおいて履歴 $\mathcal{H}_t$ をもとに確率モデルを求めるとき, 集合 Y^* をどのように計算するかが問題になります. すなわち, より Optuna の実装に即した形でいいかえれば, 履歴 $\mathcal{H}_t$ 内の各点をどのように $\mathcal{L}_t$ と $\mathcal{G}_t$ に分割するかが問題になります. 以下では, $\mathcal{H}_t$ の分割方法について詳しく説明していきましょう.

　その前に, 単目的 TPE においてどのように $\mathcal{H}_t$ を分割して $\mathcal{L}_t$ と $\mathcal{G}_t$ を得ていたか簡単に復習しておきましょう. 単目的 TPE では, $p(y < y^*) = \gamma$ を満たす

$y^* \in \mathbb{R}$ をもとに確率モデルを定義しました．そして，$p(y < y^*)$ の経験分布を $\mathcal{H}_t$ をもとにして構築し，y^* を明示的に求めることなく $\mathcal{L}_t$ と $\mathcal{G}_t$ に分割していました．すなわち，$\mathcal{H}_t$ を y_j で昇順にソートし，小さい順に $\gamma|\mathcal{H}_t|$ 個を $\mathcal{L}_t$ とし，それ以外を $\mathcal{G}_t$ としました．このようにして得られた $\mathcal{L}_t$ と $\mathcal{G}_t$ は，$p(y < y^*)$ を経験分布で近似することによって，あくまで近似的に得られたものにすぎません．

多目的 TPE では

$$p(Y^* \not\preceq y) = \gamma \tag{6.68}$$

を満たす Y^* によって誘導される $\mathcal{H}_t$ の分割は，$\mathcal{H}_t$ 内の各点を支配関係にもとづいてグループ分けしていくことで得られます．まずは $\mathcal{H}_t$ 内の点をグループ分けする際に必要となる**非優越ランク**（non-dominated rank）と呼ばれるものを定義します．一般に，集合 $B \subset \mathbb{R}^m$ に対して，その各元 $a \in B$ の非優越ランク $\mathrm{rank}(a)$ とは，次のように rank が 1 のものから順に再帰的に定義される正の整数です．

$$\begin{cases} \mathrm{rank}(a) = 1 & \Leftrightarrow \text{任意の } b \in B \text{ に対して } b \not\preceq a \\ \mathrm{rank}(a) = k+1 & \Leftrightarrow \text{任意の } \mathrm{rank}(b) \leq k \text{ でない } b \in B \text{ に対して} \\ & \qquad b \not\preceq a \end{cases} \tag{6.69}$$

図 6.2 は点集合に対して非優越ランクの割当てがどのように行われるのかを示した図です．この非優越ランクを使って，$\mathcal{H}_t$ を，ランクが 1 の集合，ランクが 2 の集合，…のようにグループ分けされたものの直和で表すことができます．すなわち

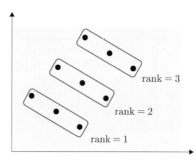

図 6.2　非優越ランクを表した図

$$\mathcal{H}_t = \sum_{k \geq 1} \{(x_j, y_j) \in \mathcal{H}_t \mid \text{rank}(y_j) = k\} \tag{6.70}$$

となります．ここで，非優越ランクが k の集合内の各点は，非優越ランク $(k+1)$ 以上のすべての点を支配します．したがって

$$Y(k) = \{y_j \mid (x_j, y_j) \in \mathcal{H}_t, \ \text{rank}(y_j) = k\} \tag{6.71}$$

と置くと，$0 < \gamma < 1$ として

$$\begin{cases} \dfrac{|\{(x_j, y_j) \mid (x_j, y_j) \in \mathcal{H}_t, \ Y(K_0 - 1) \npreceq y_j\}|}{|\mathcal{H}_t|} < \gamma \\[4mm] \dfrac{|\{(x_j, y_j) \mid (x_j, y_j) \in \mathcal{H}_t, \ Y(K_0) \npreceq y_j\}|}{|\mathcal{H}_t|} \geq \gamma \end{cases} \tag{6.72}$$

を満たす K_0 がただ 1 つ存在します．第 1 式の左辺は $p(Y(K_0 - 1) \npreceq y)$ の経験分布，第 2 式の左辺は $p(Y(K_0) \npreceq y)$ の経験分布です．

さて

$$p(Y^* \npreceq y) = \gamma \tag{6.73}$$

を満たす Y^* は，y の事前分布を経験分布で近似することにすれば，次式を満たす $\tilde{Y}^*$ で近似することができます．

$$\frac{|\{(x_j, y_j) \mid (x_j, y_j) \in \mathcal{H}_t, \ \tilde{Y}^* \npreceq y_j\}|}{|\mathcal{H}_t|} = \gamma \tag{6.74}$$

このような $\tilde{Y}^*$ によって誘導される $\tilde{\mathcal{L}}_t$ は，式 (6.72) を満たす K_0 がただ 1 つ存在することを用いると，以下のように構築することができます．

① $\tilde{\mathcal{L}}_t = \emptyset$ と初期化する

② $k = 1, \ldots, K_0 - 1$ に対して，$\mathcal{H}_t$ 内の非優越ランクが k の点 (x_j, y_j) を $\tilde{\mathcal{L}}_t$ に追加

③ $\mathcal{H}_t$ 内の非優越ランクが K_0 の点のうち，任意の $\gamma|\mathcal{H}_t| - |\tilde{\mathcal{L}}_t|$ 個の (x_j, y_j) を $\tilde{\mathcal{L}}_t$ に追加

こうして構築された $\tilde{\mathcal{L}}_t$ は

$$\frac{|\tilde{\mathcal{L}}_t|}{|\mathcal{H}_t|} = \frac{|\{(x_j, y_j) \mid (x_j, y_j) \in \mathcal{H}_t, \ \tilde{Y}^* \npreceq y_j\}|}{|\mathcal{H}_t|} = \gamma \tag{6.75}$$

を満たします．また，$\tilde{\mathcal{L}}_t$ によって $\mathcal{H}_t$ は自然に分割され，次式が成り立っています．

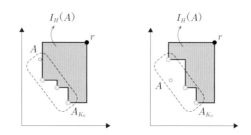

図 6.3 $\tilde{\mathcal{L}}_t$ を構築する最後のステップにおける点の選び方

(破線で囲まれた点集合が A_{K_0} を表し，黒丸が r を表す．A_{K_0} の中から，グレー部分の体積 $I_H(A)$ が最大となるように白丸の点集合 A を選ぶ)

$$\begin{cases} \{x_j \mid (x_j, y_j) \in \tilde{\mathcal{L}}_t\} = \{x_j \mid (x_j, y_j) \in \mathcal{H}_t, \tilde{Y}^* \npreceq y_j\} \\ \{x_j \mid (x_j, y_j) \in \mathcal{H}_t/\tilde{\mathcal{L}}_t\} = \{x_j \mid (x_j, y_j) \in \mathcal{H}_t, \tilde{Y}^* \preceq y_j\} \end{cases} \tag{6.76}$$

式 (6.76) の右辺の $\tilde{Y}^*$ を Y^* に変えたものがそれぞれ $\mathcal{L}_t$ と $\mathcal{G}_t$ ですから，$\mathcal{L}_t$ と $\mathcal{G}_t$ はそれぞれ次式のように近似的に計算できます．

$$\begin{cases} \mathcal{L}_t \simeq \tilde{\mathcal{L}}_t \\ \mathcal{G}_t \simeq \mathcal{H}_t/\tilde{\mathcal{L}}_t \end{cases} \tag{6.77}$$

以上で，$\mathcal{H}_t$ を $\mathcal{L}_t$ と $\mathcal{G}_t$ に分割する方法がわかりました．

最後に，$\tilde{\mathcal{L}}_t$ を構築する際に，実際に原論文[28] および Optuna で用いられている工夫について述べておきましょう．$\tilde{\mathcal{L}}_t$ を構築する際は，最後のステップにおいて，非優越ランクが K_0 の点をそれまでの $\tilde{\mathcal{L}}_t$ に対して $\gamma|\mathcal{H}_t| - |\tilde{\mathcal{L}}_t|$ 個追加すると述べました．そのように追加する点の選び方は任意なのですが

$$n = \gamma|\mathcal{H}_t| - |\tilde{\mathcal{L}}_t|$$

と置き，$\mathcal{H}_t$ 内の非優越ランクが K_0 の点全体を A_{K_0} として

$$\underset{A \subset A_{K_0}, |A|=n}{\arg\max} \ I_H(A)$$

のように選ぶことによって (**図 6.3** 参照)，構築される $\tilde{\mathcal{L}}_t$ の多様性を高めることができます．ただし，$I_H : 2^{\mathcal{H}_t} \to \mathbb{R}$ は，$\mathcal{H}_t$ の部分集合 Y を受け取って，次式を返す関数です．

$$I_H(Y) = \lambda \left(\bigcup_{y \in Y} \prod_{i=1}^{m} [y^{(i)}, r^{(i)}] \right) \tag{6.78}$$

ここで, λ は $\mathbb{R}^m$ 上のルベーグ測度, r は任意の $(x_j, y_j) \in \mathcal{H}_t$ に対して $y_j \prec r$ を満たす点として固定しておきます. r は**参照点**（reference point）と呼ばれ, I_H は**超体積指示関数**（hypervolume indicator function）と呼ばれます. $I_H(Y)$ は, Y 内の点によって支配され, かつ同時に参照点を支配する点全体の集合の体積であり, 直感的には集合 Y の多様性を表す指標として理解することができます[*21]. また, このような $I_H(Y)$ は劣モジュラ関数であり, その最大化問題は貪欲法により近似比 $\left(1 - \dfrac{1}{e}\right)$ で解くことができます. 劣モジュラ関数最大化については文献 [42] を参照してください.

(2) $\ell(\,\cdot\,\mid \mathcal{L}_t)$ の重みの定め方

前の (1) で定義した確率モデルで説明していなかった $\ell(\,\cdot\,\mid \mathcal{L}_t)$ の重みの定め方について, ここで説明します.

$\ell(\,\cdot\,\mid \mathcal{L}_t)$ は, 例えばカテゴリカルでない変数に対しては, 次式の混合正規分布として定義されました.

$$\ell(x^{(i)} \mid \mathcal{L}_t) = \sum_{x_j \in \mathcal{L}_t} w_j \, \mathcal{N}(x_j^{(i)}, \sigma_j{}^2) \tag{6.79}$$

この各 w_j の定め方について説明します.

この w_j は前の (1) の最後に定義した超体積指示関数（式 (6.78)）を用いて次式のように定義します.

$$Y_t = \{y_k \mid (x_k, y_k) \in \mathcal{H}_t, x_k \in \mathcal{L}_t\} \text{ として, } x_j \in \mathcal{L}_t \text{ に対して}$$
$$w_j = I_H(Y_t) - I_H(Y_t - \{y_j\}) \tag{6.80}$$

すなわち, w_j は Y_t の超体積指示関数の値に対して, y_j がどれだけ貢献しているかを示す量とします. このような重みの定め方を用いると, 多目的最適化の性能が向上することが報告されています[28].

[*21] 超体積指示関数は多目的最適化においてさまざまな応用をもつ重要な概念です. 本書では詳しく述べませんが, 興味のある方は文献 [12] を参照してください.

(3) 多目的 TPE で用いる獲得関数

次に多目的 TPE で用いる獲得関数について説明しましょう．単目的 TPE では期待改善量を獲得関数として用いましたが，多目的最適化においては目的関数の出力が多次元なので，これを単純に用いることはできません．かわりに，多目的 TPE では**期待超体積改善量**（expected hypervolume improvement; EHVI）と呼ばれる量を獲得関数として用います．

期待超体積改善量は，次式で定義される関数 $\mathrm{EHVI}\colon \mathbb{R} \to \mathbb{R}$ です．

$$\mathrm{EHVI}(x^{(i)} \mid \mathcal{H}_t)$$
$$= \int_{\{y \mid y \prec Y^* \cup \{y\} \mid Y^*\}} \{I_H(Y^* \cup \{y\}) - I_H(Y^*)\}\, p(y \mid x^{(i)}, \mathcal{H}_t)\, dy \tag{6.81}$$

ただし，Y^* はあらかじめ定められた γ に対して

$$p(Y^* \npreceq y) = \gamma \tag{6.82}$$

を満たす $\mathbb{R}^m$ の部分集合で，I_H は式 (6.78) で定義した超体積指示関数です．多目的 TPE では，この $\mathrm{EHVI}(x^{(i)} \mid \mathcal{H}_t)$ を獲得関数として採用します．

一方，単目的 TPE のときと同様，$\mathrm{EHVI}(x^{(i)} \mid \mathcal{H}_t)$ もそのままでは扱いにくいので変形します．ただし，簡単のため

$$Z = \{y \mid Y^* \npreceq y\} \tag{6.83}$$

と置きます．

$$\mathrm{EHVI}(x^{(i)} \mid \mathcal{H}_t)$$
$$= \int_Z \{I_H(Y^* \cup \{y\}) - I_H(Y^*)\}\, p(y \mid x^{(i)}, \mathcal{H}_t)\, dy$$
$$= \int_Z \{I_H(Y^* \cup \{y\}) - I_H(Y^*)\} \frac{p(x^{(i)} \mid y, \mathcal{H}_t)\, p(y \mid \mathcal{H}_t)}{p(x^{(i)} \mid \mathcal{H}_t)}\, dy \tag{6.84}$$
$$= \int_Z \{I_H(Y^* \cup \{y\}) - I_H(Y^*)\} \frac{\ell(x^{(i)} \mid \mathcal{L}_t)\, p(y \mid \mathcal{H}_t)}{p(x^{(i)} \mid \mathcal{H}_t)}\, dy$$
$$= \frac{\ell(x^{(i)} \mid \mathcal{L}_t)}{p(x^{(i)} \mid \mathcal{H}_t)} \int_Z \{I_H(Y^* \cup \{y\}) - I_H(Y^*)\}\, p(y \mid \mathcal{H}_t)\, dy$$

ここで，単目的 TPE のときと同様に

$$\int_Z \{I_H(Y^* \cup \{y\}) - I_H(Y^*)\}\, p(y \mid \mathcal{H}_t)\, dy \tag{6.85}$$

は $x^{(i)}$ に依存しない正の定数なので，獲得関数の最適化を考えるときは無視してかまいません．また，$p(x^{(i)} \mid \mathcal{H}_t)$ は次式のように変形できます．

$$
\begin{aligned}
p(x^{(i)} &\mid \mathcal{H}_t) \\
&= p(Y^* \npreceq y \mid \mathcal{H}_t)\, p(x^{(i)} \mid y \mid Y^* \npreceq y, \mathcal{H}_t) \\
&\quad + p(Y^* \preceq y \mid \mathcal{H}_t)\, p(x^{(i)} \mid Y^* \preceq y, \mathcal{H}_t) \\
&= \gamma \ell(x^{(i)} \mid \mathcal{L}_t) + (1-\gamma)\, g(x^{(i)} \mid \mathcal{G}_t)
\end{aligned}
\tag{6.86}
$$

したがって，$\mathrm{EHVI}(x^{(i)} \mid \mathcal{H}_t)$ を $x^{(i)}$ について最大化することは，次式で定義される関数を $x^{(i)}$ について最大化することと等価です．

$$
\frac{\ell(x^{(i)} \mid \mathcal{L}_t)}{\gamma \ell(x^{(i)} \mid \mathcal{L}_t) + (1-\gamma)\, g(x^{(i)} \mid \mathcal{G}_t)} = \frac{1}{\gamma + (1-\gamma)\dfrac{g(x^{(i)} \mid \mathcal{G}_t)}{\ell(x^{(i)} \mid \mathcal{L}_t)}}
\tag{6.87}
$$

さらに，単目的 TPE のときとまったく同様に，$\mathrm{EHVI}(x^{(i)} \mid \mathcal{H}_t)$ を $x^{(i)}$ について最大化することは分母に登場する

$$
\frac{g(x^{(i)} \mid \mathcal{G}_t)}{\ell(x^{(i)} \mid \mathcal{L}_t)}
\tag{6.88}
$$

を $x^{(i)}$ について最小化することと等価です．以上から，最大化すべき獲得関数として期待超体積改善量を採用すると，それは次式の関数の最大化問題と等価になります．

$$
\alpha_{i,t}(x^{(i)}) = \frac{\ell(x^{(i)} \mid \mathcal{L}_t)}{g(x^{(i)} \mid \mathcal{G}_t)}
\tag{6.89}
$$

すなわち，多目的 TPE でも，獲得関数は単目的 TPE とまったく同様になります．

このように，多目的 TPE でも確率モデルと獲得関数は単目的 TPE と同様であるので，`optuna.samplers.TPESampler` は自動で単目的と多目的を切り替えて探索点選択を行ってくれるわけです．

6.3.2 │ **NSGA-II**

NSGA-II[6] は**進化計算**の手法の 1 つであり，多目的最適化において，実用的によい性能を発揮するアルゴリズムとして知られています．これは Optuna でも利用可能であり，`optuna.samplers.NSGAIISampler` として実装されています．本項では NSGA-II のアルゴリズムを説明し，その後，Optuna における利用法について説明していきます．

(1) NSGA-II のアルゴリズムの概要

`NSGAIISampler` はこれまで説明してきたアルゴリズムと同様，各トライアルにおいて履歴 $\mathcal{H}_t = \{(x_i, y_i)\}_{i=1}^{t-1}$ にもとづいて探索点 $x_t \in D \subset \mathbb{R}^d$ を選択し，これを目的関数に与えて観測値 $y_t \in \mathbb{R}^m$ を得ます．まずは，NSGA-II の探索点選択法の概要を説明し，その後 `NSGAIISampler` の詳細を説明していきます．

NSGA-II が提案された論文[6] では，一度に探索点を 1 つ選ぶのではなく，一度に複数の探索点の集合を選ぶアルゴリズムになっています．ここで，NSGA-II によって n 番目に選ばれる**集団**を $Q_n \subset D$ と書くことにします．これらの集団に含まれる各点のことを，NSGA-II では**個体**（individual）と呼びます．

また，NSGA-II では，Q_n を選ぶために別の集団 P_n を用います．このとき，Q_n を選ぶ手続きの中で，集団 P_n は直前に選ばれた 2 つの集団 P_{n-1}, Q_{n-1} から生成されます．ここで，P_n を**親集団**（parent population），Q_n を**子集団**（offspring pupolation）と呼びます．NSGA-II のアルゴリズムの概要は次のようなものです．

ステップ 1 ： $P_{n-1} \cup Q_{n-1}$ を **高速非優越ソート**（fast non-dominated sort）に
よって並び替え，$\mathcal{F}_1, \mathcal{F}_2, \ldots$ を得る（$\mathcal{F}_k$ は非優越ランクが k の集合）

ステップ 2 ： $P_n = \emptyset$ から始めて，非優越ランクが小さい順に新たな集団 P_n に
$\mathcal{F}_k$ を追加していく．そして，あらかじめ定めた個体数 p に対して，ある非
優越ランク k_0 の集合 $\mathcal{F}_{k_0}$ を P_n に追加しようとして，個体数が p を超えて
しまったとする

ステップ 3 ： $\mathcal{F}_{k_0}$ 内の個体の **混雑距離**（crowding distance）を計算する．その後，
混雑距離の降順に $\mathcal{F}_{k_0}$ をソートし，先頭から順に個体数がちょうど p にな
るように P_n に個体を追加する

ステップ 4 ： 親集団 P_n から，同じサイズの子集団 Q_n を，**交叉**（crossover）と
突然変異（mutation）を用いて生成する

　ステップ 1 からステップ 3 は，$P_{n-1} \cup Q_{n-1}$ から P_n に属する個体を選ぶ手続
きです．このような，集団から次の集団を生成するための個体を選ぶ操作を，進化
計算では選択（selection）と呼んでいます．また，その中で特に何らかの適合度
をもとにして集団をソートして，よい順に個体を選ぶ方法を **エリート選択**（elitist
selection）と呼んでいます．NSGA-II では，親集団 P_{n-1} と子集団 Q_{n-1} から
非優越ランクと混雑距離にもとづいて次の親集団 P_n をつくるというエリート戦
略を採っています．

　アルゴリズムの詳細を確定するために，次項で高速非優越ソートについて説明
し，その後，混雑距離について，さらにその後に交叉と突然変異について説明し
ます．

(2) NSGA-II のアルゴリズムの詳細：高速非優越ソート

　NSGA-II のアルゴリズムにおいて，ステップ 1 で用いられる高速非優越ソート
について説明します．高速非優越ソートは，親集団 P_{n-1} と子集団 Q_{n-1} の和集
合 $P_{n-1} \cup Q_{n-1}$ のすべての元に対して非優越ランクを計算し，それにもとづい
て並び替えます．以下，表記を簡潔にするために $R = P_{n-1} \cup Q_{n-1}$ とします．

　ここで，$R \subset D$ に注意しましょう．D は目的関数の定義域であり，終域 $\mathbb{R}^m$ で
はありません．したがって，R の各元 x に対して 6.3.1 項の定義では非優越ラン
クを定義することができません．

ところが，$R \subset \{x_i \mid (x_i, y_i) \in \mathcal{H}_t\}$ より，各 $x \in R$ に対して，ある $i \in [t-1]$ がちょうど 1 つ存在して，

$$x = x_i, \quad かつ，\quad (x_i, y_i) \in \mathcal{H}_t$$

です．そこで $x \in R$ の非優越ランクを

$$A = \{y_i \mid (x_i, y_i) \in \mathcal{H}_t\} \tag{6.90}$$

と対応する y_i の非優越ランクとして定義することにします．このとき，半順序 $\preceq$ も同様に定義できます．

　非優越ランクにもとづく R のソートの愚直な方法の 1 つは次のようなアルゴリズムとなります．まず非優越ランクが 1 の個体群を見つけるために，R の各元 x において，任意の $x' \in R$ に対して $x' \not\prec x$ が成り立つかどうかを判定します．いま $|R| \leq 2p$ なので，これには $O(mp^2)$ かかります．次に，非優越ランクが 2 の個体群を見つけるために，ランクが 1 の個体を除いて，R の各元 x に対して，任意のランクが 1 でない $x' \in R$ に対して $x' \not\prec x$ が成り立つかどうかを判定します．これにも $O(mp^2)$ かかります．これを，R のすべての点が除かれるまで繰り返します．このとき非優越ランクのとりうる値の最大値は p であるので，全体のソートを実行するために $O(mp^3)$ かかり，あまりにも遅いので，以下のように $O(mp^2)$ で実行できる高速非優越ソートが提案されています．

　高速非優越ソートのアルゴリズムでは，まず前処理として，各 $x \in R$ に対して，x を支配する R の元の数 n_x と，x が支配する個体の集合 S_x を計算しておきます．具体的には

　　　各 $x \in R$ に対して，任意の $x' \in R$ が $x \prec x'$ または $x' \prec x$

を満たすかどうか調べます．$x \prec x'$ ならば x' を S_x に追加し，$x' \prec x$ ならば n_x を 1 増やします．これには $O(mp^2)$ かかります．こうして計算した量をもとにして，次のように非優越ランクが k の個体群を $\mathcal{F}_k$ として，非優越ランクの小さい順に個体群を計算することができます．

> ステップ 1： n_x が 0 の個体を集めて $\mathcal{F}_1$ をつくる. $i = 1$ とする
>
> ステップ 2： $Q = \emptyset$ とする. $\mathcal{F}_i$ の各元 x について, S_x の各元 $x' \in S_x$ を順に調べる. まず $n_{x'}$ を 1 減らし, $n_{x'}$ がもし 0 になれば, x' はランクが $i+1$ ということなので, Q に追加する
>
> ステップ 3： $i \leftarrow i + 1$ として, 得られた Q を $\mathcal{F}_i$ とする
>
> ステップ 4： $Q = \emptyset$ のままであれば終了. そうでなければステップ 2 に戻る

すべての個体で非優越ランクが異なるとき, ステップ 2 で $O(p)$ かかり, ステップ 4 で最大 $(|R| - 1)$ 回の繰返しが起こることから, 合わせて計算量は $O(p^2)$ です. したがって, 前処理を含めて全体の計算量は $O(mp^2)$ となります.

(3)　NSGA-II のアルゴリズムの詳細：混雑距離

次に, NSGA-II のアルゴリズムにおいて, ステップ 3 で用いられる混雑距離について説明します. 混雑距離は, ある集合の各元が, 目的関数の終域の空間においてどの程度, ほかの元と離れているかを表す量です. まずは $\mathcal{F}_{k_0}$ に対して, その各元の混雑距離をどのように定義し, 計算するのかを述べます. 以下, 簡単のため $\mathcal{F} = \mathcal{F}_{k_0}$ と置きます.

まず

$$\mathcal{F} \subset \{x_i \mid (x_i, y_i) \in \mathcal{H}_t\} \tag{6.91}$$

であることに注意します. このとき, 任意の $x \in \mathcal{F}$ に対してちょうど 1 つの $i \in [t-1]$ が存在して, $x = x_i$ かつ $(x_i, y_i) \in \mathcal{H}_t$ です. x に対して定まる y_i を $y(x)$ とします.

また, 各 $j \in [m]$ に対して, $v_{\min}^{(j)}$, $v_{\max}^{(j)}$ を

$$\begin{cases} v_{\min}^{(j)} = \displaystyle\min_{x \in \mathcal{F}} y(x)^{(j)} \\ v_{\max}^{(j)} = \displaystyle\max_{x \in \mathcal{F}} y(x)^{(j)} \end{cases} \tag{6.92}$$

と定義しておきます. さらに, 各 $j \in [m]$ に対して, $\mathcal{F}$ を $y(x)^{(j)}$ をキーとしてソートしたものを $\mathcal{F}^{(j)}$ とします. $\mathcal{F}^{(j)}$ の先頭から k 番目の要素は, 添字 k を用いて $\mathcal{F}^{(j)}[k]$ と表すことにします.

ここで, $\mathcal{F}^{(j)}$ において, x が先頭から何番目かを表す添字を $k^{(j)}(x)$ とすると,

$x \in \mathcal{F}$ の混雑距離とは次式で定義される量です.

$$d(x) = \frac{1}{m} \sum_{j=1}^{m} \frac{|y(\mathcal{F}^{(j)}[k^{(j)}(x)+1])^{(j)} - y(\mathcal{F}^{(j)}[k^{(j)}(x)-1])^{(j)}|}{v_{\max}^{(j)} - v_{\min}^{(j)}}$$

$$(6.93)$$

ただし,各 $\mathcal{F}^{(j)}$ について,両端にある点の混雑距離は ∞ とします.

混雑距離の計算自体は単純で,以下のようなアルゴリズムを実行すれば求めることができます.

ステップ 1 : $d(x) = 0$ と初期化する. $v_{\min}^{(j)}, v_{\max}^{(j)}$ を計算しておく. $j = 1$ とする

ステップ 2 : $\mathcal{F}$ を $y(x)^{(j)}$ をキーとしてソートして $\mathcal{F}^{(j)}$ を得る

ステップ 3 : $d(\mathcal{F}^{(j)}[1]) = d(\mathcal{F}^{(j)}[-1]) = \infty$ とする

ステップ 4 : $k \in \{2, \ldots, |\mathcal{F}|-1\}$ について,$d(\mathcal{F}^{(j)}[k])$ を以下のように更新する

$$d(\mathcal{F}^{(j)}[k]) \leftarrow d(\mathcal{F}^{(j-1)}[k]) + \frac{y(\mathcal{F}^{(j)}[k+1])^{(j)} - y(\mathcal{F}^{(j)}[k-1])^{(j)}}{v_{\max}^{(j)} - v_{\min}^{(j)}}$$

$$(6.94)$$

ステップ 5 : $j \leftarrow j+1$ して,$j > m$ でなければステップ 2 に戻る

ここで,上記のアルゴリズムにおいてはソートの計算量が支配的であり,全体の計算量としては $O(mp \log p)$ になります.

このように計算した混雑距離 $d(x)$ を用いて,$\mathcal{F}$ をソートします.混雑距離の降順にソートしたうえで先頭から個体を選ぶことで,多様性のある個体を親集団に追加することができます.

(4) NSGA-II のアルゴリズムの詳細:交叉と突然変異

NSGA-II のアルゴリズムにおいて,ステップ 4 で用いられる交叉と突然変異は,親集団 P_{n-1} から子集団 Q_{n-1} を生成するためのものであり,NSGA-II だけでなく,多くの進化計算の手法で用いられている汎用性のある手法です.

交叉とは,親集団に含まれるいくつかの個体 $p_1, p_2, \ldots \in P_{n-1}$ に対して,それらを組み合わせて子集団に含まれるべき個体 q を生成する手法のことを指します.なかでも,最も簡単な交叉が**一様交叉**(uniform crossover)であり,親集団の 2 個体 p_1, p_2 の各次元を一定の確率で互いに交換することで,q を得ます.す

なわち，交換確率を p_{swap} として

$$q^{(i)} = \begin{cases} p_1^{(i)} & (\text{w.p. } 1 - p_{\mathrm{swap}}) \\ p_2^{(i)} & (\text{w.p. } p_{\mathrm{swap}}) \end{cases} \tag{6.95}$$

のようにして q を定めます．このような交叉手法は，特にカテゴリカルな変数に対してよい性能を発揮します．一方，実数値変数に対しては一様交叉を用いると性能が低下することが報告されています[30]．

Optuna では，後述のとおり，入力空間に応じて一様交叉のほかにもさまざまな交叉手法を利用することが可能です．詳細は後ろの (5) を参照してください．

突然変異とは，親集団に含まれる 1 個体 $p \in P_{n-1}$ に対して，これを変化させて子集団に含まれるべき 1 個体 q を生成する手法のことを指します．

Optunaでは，p の各次元を一定の確率でランダムにサンプルし直すことで q を生成します．すなわち，突然変異確率を p_{mut} として

$$q^{(i)} = \begin{cases} p^{(i)} & (\text{w.p. } 1 - p_{\mathrm{mut}}) \\ X & (\text{w.p. } p_{\mathrm{mut}}, X \sim U(D^{(i)})) \end{cases} \tag{6.96}$$

のようにして q を定めます．ただし，$D^{(i)}$ は入力空間 D の i 次元目であり，$U(D^{(i)})$ は $D^{(i)}$ 上の一様分布です．

NSGA-II では，交叉と突然変異を組み合わせて，P_{n-1} から Q_{n-1} を生成します．具体的な生成方法は実装に依存するので，一例として Optuna で用いられている生成方法を説明します．

Q_{n-1} に含まれるべき個体数を p とします．そして，$Q_{n-1} = \emptyset$ から始めて，以下のような手続きを p 回繰り返します．なお，交叉手法として，一様交叉を仮定しています．

ステップ 1： P_{n-1} から異なる 2 個体 p_1, p_2 を選ぶ

ステップ 2： p_1, p_2 をもとに一様交叉を実行し，q を得る

ステップ 3： q に対して突然変異を実行し，q' を得る

ステップ 4： q' を Q_{n-1} に追加する

ここで，親集団に対して交叉または突然変異を施すのではなく，交叉によって得られた個体に対して突然変異を施している点に注意してください．

(5) Optuna における NSGA-II の実装・使い方

上記のとおり，NSGA-II は一度に複数の個体を選ぶ方法であり，n 番目に選ばれる個体の集合 Q_n は，エリート戦略によって選択された親集団 P_n から交叉・突然変異によって生成されます．一方で，Optuna の NSGA-II は一度に 1 つの個体を選ぶよう実装されています．Optuna の NSGA-II では各トライアルにおいて，それまでに評価したトライアルの履歴 $\mathcal{H}_t$ を利用して，次の探索点 x_t を選ぶことができます．

ここで，x_t を選ぶトライアルにおいて，その探索点（すなわち個体）が子集団 Q_n に属するとすると，直前の集団 $P_{n-1} \cup Q_{n-1}$ を特定するためには，各トライアルの system_attrs に何世代目であったかを表す整数を格納し，これを参照すればよいです．これによって，親集団 P_n を各トライアルにおいて特定することができます．なお，実際の Optuna の NSGA-II では，高速化のため適切なキャッシュも入っています．

一方，肝心なのは，子集団を生成する手続きです．Optuna で用いられている子集団の生成方法では，親集団に対してまず交叉を施し，得られた個体に対して突然変異を施すということを繰り返していたことを思い出してください．したがって，生成した子集団の個体を 1 つずつユーザに返しても問題ありません．すなわち，Optuna では，一度に複数の個体（子集団）を選んでユーザに返すのではなく，一度に 1 つの個体だけを選んで次の探索点としてユーザに返しています．

Optuna の NSGA-II は，optuna.samplers.NSGAIISampler として実装されています．NSGAIISampler は，ユーザの目的関数が多目的関数であった場合に用いられるデフォルトのサンプラーです．これにはいくつかの引数が存在し，初期化時に選択することができます．Optuna v3.0.4 時点における NSGAIISampler の引数全体を**表 6.4** に示します．以下ではこの各引数がどのような役割を果たしているのかについて簡単に説明します．詳細は Optuna のドキュメントを参照してください．

(i) population_size 引数

population_size 引数は各世代の個体数 p を指定するためのものです．デフォルト値は 50 ですが，総トライアル数に応じて適切に設定する必要があります．例えば総トライアル数が 100 程度ならば，population_size は 10 や 20 に設定するとよいでしょう．

表 6.4　NSGAIISampler の引数

引数名	型	デフォルト値
population_size	int	50
mutation_prob	Optional[float]	None
crossover	Optional[BaseCrossover]	None
crossover_prob	float	0.9
swapping_prob	float	0.5
seed	Optional[int]	None
constraints_func	Optional[関数（型などは本文で説明）]	None

(ii)　mutation_prob 引数

mutation_prob 引数は子集団の子個体における突然変異の確率 p_{mut} を指定するためのものです．デフォルト値は None で，この場合は以下のようなヒューリスティクスが用いられます．

$$p_{\mathrm{mut}} = \frac{1}{\max(1, d)} \tag{6.97}$$

ただし，d は定義域 D の次元です．

この mutation_prob 引数は 0 から 1 の範囲で設定でき，0 に近いほど活用を，1 に近いほど探索を重視した振舞いをします．

(iii)　crossover 引数

crossover 引数は子集団の生成における交叉のアルゴリズムを指定するためのものです．デフォルト値は None で，この場合は前述の一様交叉が用いられます．

一方，Optuna では一様交叉だけでなく，多くの交叉アルゴリズムが利用可能です．特に，実数値変数の多い目的関数に対しては，一様交叉は比較的性能が悪いことが報告されている [30] ので，そのほかの交叉アルゴリズムを用いる価値が大きいでしょう．

なお，定義域の各次元について，その変数が実数値であれば指定された交叉アルゴリズムが用いられますが，そうではなくカテゴリカルな変数の場合は，必ず一様交叉が用いられることに注意してください．これは，現在 Optuna で実装されている一様交叉以外の交叉アルゴリズムは，すべて実数値変数に対する性能向上を目的としたものであるからです．

ここで Optuna で利用可能な交叉アルゴリズムは，optuna.samplers.nsgaii の下に実装されています（**表 6.5**）．それらの詳細については Optuna のドキュメン

表 6.5　NSGAIISampler の交叉アルゴリズム

クラス名	利用されているアルゴリズム
optuna.samplers.nsgaii.BLXAlphaCrossover	ブレンド交叉
optuna.samplers.nsgaii.SBXCrossover	疑似バイナリ交叉
optuna.samplers.nsgaii.SPXCrossover	シンプレクス交叉
optuna.samplers.nsgaii.UNDXCrossover	単峰正規分布交叉
optuna.samplers.nsgaii.UniformCrossover	一様交叉
optuna.samplers.nsgaii.VSBXCrossover	修正疑似バイナリ交叉

トを参照してください.

(iv)　crossover_prob 引数

crossover_prob 引数は子集団の生成における交叉の確率を指定するためのものです. 0 から 1 の範囲で設定でき, 0 に近いほど活用を, 1 に近いほど探索を重視した振舞いをします. デフォルト値は 0.9 です.

(v)　swapping_prob 引数

swapping_prob 引数は一様交叉において, 親個体のそれぞれの次元のどちらを採用するかを決める確率を指定するためのものです. デフォルト値は 0.5 です.

この swapping_prob 引数の値が 0.5 から離れるほど, 活用を重視した振舞いをします. 例えば, 0 か 1 だと, すべて片方の親個体から引き継がれることになります.

(vi)　seed 引数

seed 引数は擬似乱数を生成するアルゴリズムのシードに対応します.

(vii)　constraints_func 引数

constraints_func 引数は, すでに説明した BoTorchSampler にも実装されているもので, NSGA-II の制約付き最適化 [6] を行う際に指定するためのものです.

この constraints_func 引数を利用して, ユーザは Optuna に各トライアルにおいて制約がどの程度満たされているのかを報告することができます. 型は None, または FrozenTrial を受け取って float の列 (リストやタプルなど) を返す関数です. デフォルトでは None が設定されています.

constraints_func 引数を利用するためにはまず, Optuna の目的関数の定義中で, 制約の値 $c(x)$ を計算する必要があります. この制約の値 $c(x)$ は複数存在する可能性がありますので, 計算の終了後, 目的関数の引数である Trial オ

ブジェクトの `set_user_attr` 関数を呼んで `Trial` オブジェクトに制約の値を保存します．こうすることで，以降のトライアルにおいて利用可能になります．`constraints_func` 内では，引数として受け取った `FrozenTrial` オブジェクトの制約の値を取り出して返すことになります．

なお，制約が複数ある場合は，それらをまとめてリストやタプルにして返すとよいでしょう（3.2 節参照）．

6.4　探索点選択アルゴリズムの使い分け

本章では，これまで Optuna に実装されている探索点選択アルゴリズムについて，個別に詳細を説明してきました．本書の最後に，それらを使い分けるコツについて説明します．

表 6.6，**表 6.7** に，Optuna に実装されている代表的なサンプラーの一覧を示します．各列はサンプラーを表し，各行は特定の機能への対応状況などを示します．✓マークはその機能にそのサンプラーが対応していることを表し，△マークは動作させることはできるが非効率的な結果しか得られないことを表し，×マークはその機能を利用しようとするとエラーが生じたり，そもそも利用するためのインタフェースが存在しないことを表します．

このうち，`RandomSampler`，`GridSampler`，`TPESampler`，`CmaEsSampler`，`NSGAIISampler`，`QMCSampler` の 6 つは，`optuna.samplers` の下に実装されており，Optuna をインストールするだけで利用することができます．一方，`BoTorchSampler` は，`optuna.integration` の下に，BoTorch というライブラリをもとに実装されているので，追加で BoTorch もインストールしないと利用できません．

表の各行について順に説明していきます．

(i)　実数値変数への対応

この行は，各サンプラーが実数値の変数の探索点選択において，よい性能を発揮することができるかを表しています．

基本的に，多くのサンプラーは実数値の変数を効率よく探索することができますが，`NSGAIISampler` だけは，デフォルトの一様交叉（6.3.2 項の (4) 参照）を用いると十分な探索効率が得られないということが知られています．しかし，デ

表 6.6　サンプラーの比較表 (1)

（✓：対応，△：動作はするが非効率的，×：エラーが生じる，あるいは，インタフェースが存在しない）

	RandomSampler	GridSampler	TPESampler	CmaEsSampler
実数値の変数への対応	✓	✓	✓	✓
整数値の変数への対応	✓	✓	✓	✓
カテゴリカルな変数への対応	✓	✓	✓	△
枝刈りへの対応	✓	✓	✓	△
多変量探索点選択への対応	△	△	✓	✓
複雑な探索空間への対応	✓	△	✓	△
多目的最適化への対応	✓	✓	✓	×
バッチ最適化への対応	✓	✓	✓	✓
分散並列最適化への対応	✓	✓	✓	✓
制約付き最適化への対応	×	×	✓	×
トライアルあたりの時間計算量	$O(d)$	$O(dn)$	$O(dn \log n)$	$O(d^3)$
推奨されるトライアル数	いくらでも	組合せの数だけ可能	最大 1000 程度	最大 10000 程度

フォルトでない別の交叉手法を用いれば，NSGAIISampler も効率よく実数値変数を探索できることがあるため，交叉手法の切替を検討してみる価値はあります．

(ii)　整数値の変数への対応

　この行は，各サンプラーが整数値の変数の探索点選択において，よい性能を発揮することができるかを表しています．

　実数値変数のときと同じく，基本的に多くのサンプラーは整数値の変数も効率よく探索することができますが，NSGAIISampler だけは，デフォルトの一様交叉を用いると十分な探索効率が得られないということが知られています．しかし，

表 6.7　サンプラーの比較表 (2)

（✓：対応，△：動作はするが非効率的，×：エラーが生じる，あるいは，インタフェースが存在しない）

	NSGAIISampler	QMCSampler	BoTorchSampler
実数値の変数への対応	△	✓	✓
整数値の変数への対応	△	✓	✓
カテゴリカルな変数への対応	✓	△	✓
枝刈りへの対応	×	✓	△
多変量探索点選択への対応	△	△	✓
複雑な探索空間への対応	△	△	△
多目的最適化への対応	✓ （単目的最適化は△）	✓	✓
バッチ最適化への対応	✓	✓	△
分散並列最適化への対応	✓	✓	△
制約付き最適化への対応	✓	×	✓
トライアルあたりの時間計算量	$O(mp^2)$	$O(dn)$	$O(n^3)$
推奨されるトライアル数	最大 10000 程度	いくらでも	最大 100 程度

整数値変数の場合も，別の交叉手法を用いることで性能が大きく改善する可能性があります．

(iii)　カテゴリカルな変数への対応

　この行は，各サンプラーがカテゴリカルな変数の探索点選択において，よい性能を発揮することができるかを表しています．

　ただし，CmaEsSampler と QMCSampler はそのアルゴリズムの特性上，カテゴリカルな変数を探索することができません．Optuna では，これらのサンプラーを利用している際にカテゴリカルな変数の探索点選択が要求された場合，RandomSampler

などの独立サンプリングが可能なサンプラーに切り替わる（フォールバックする）ようになっています．なお，フォールバックするサンプラーについては，ユーザがあらかじめ独自に選択することができます．詳細は，CmaEsSampler については 6.2.3 項の (5) を，QMCSampler についてはドキュメントを参照してください．

また，カテゴリカルな変数の取扱いについて，BoTorchSampler では one-hot エンコーディングが採用されています．詳細に興味のある読者は 6.2.2 項の (4) を参照してください．

(iv)　枝刈りへの対応

この行は，各サンプラーを枝刈りと一緒に利用した場合に，探索点選択がきちんと適切に動作するかどうかを表しています．

RandomSampler，GridSampler，QMCSampler は，過去の履歴に依存せずに探索点選択を行うアルゴリズムであるため，枝刈りの影響を受けずに適切に動作することができます．また，TPESampler はデフォルトで，枝刈りによって早期終了されたトライアルの情報も利用して探索点選択をすることができます．

一方，CmaEsSampler は consider_pruned_trials 引数を True に設定することで，枝刈りされたトライアルの情報を利用することができますが，その性能は限定的となります．さらに，そのほかのサンプラーでは枝刈りされたトライアルの情報を利用することができません．

(v)　多変量探索点選択への対応

この行は，各サンプラーが変数の相関を考慮した多変量探索点選択を行えるかどうかを表しています．

TPESampler，CmaEsSampler，BoTorchSampler は変数の相関を考慮して探索点選択を行うことができますので，多変量探索点選択が可能です．

一方，そのほかのサンプラーでは，多変量探索点選択を行うための同時サンプリングの仕組み（5.5 節参照）自体はエラーなく動作しますが，実際には変数の相関は考慮されません．

(vi)　複雑な探索空間への対応

この行は，if 文や for 文の中でサジェスト API が呼び出されることによってつくられる複雑な木構造をした探索空間に，各サンプラーが対応しているかどうかを表しています．

RandomSampler は，独立にサンプリングする仕組みしかもたないので，探索空間が複雑であっても問題なく動作します．また，TPESampler も，デフォルト

では独立にサンプリングする仕組みしかもたないので，探索空間が複雑であって
も問題なく動作します.

一方，multivariate 引数を True に設定することで，同時サンプリングの仕
組みを利用した多変量 TPE が動作しますが，この場合は複雑な探索空間を扱え
ません. TPESampler で multivariate 引数を True に設定して複雑な探索空間
を扱うには，さらに group 引数を True に設定する必要があります. アルゴリズ
ムの詳細は 6.2.1 項の (6) を参照してください.

そのほかのサンプラーは複雑な探索空間に対しては動作せず，複雑な探索空間
を扱うことになると，RandomSampler などにフォールバックします.

(vii) 多目的最適化への対応

この行は，各サンプラーが多目的最適化に対応しているかどうかを表します.

RandomSampler, GridSampler, QMCSampler は, 目的関数の出力に依存せずに
探索点選択を行うアルゴリズムであるため, 多目的最適化の影響を受けずに適切に動
作することができます. また, TPESampler, NSGAIISampler, BoTorchSampler
には多目的最適化向けに設計されたアルゴリズムが実装されており, 効率的に動
作します.

一方, CmaEsSampler には多目的最適化向けのアルゴリズムが実装されていない
ので, 多目的最適化で利用しようとするとエラーが発生します. また, NSGAIISampler
は主に多目的最適化向けに設計されたアルゴリズムですので, 単目的最適化でも
利用はできますが十分な性能は得られません.

(viii) バッチ最適化への対応

この行は，各サンプラーが一度に複数の点を選択する**バッチ最適化**（batch op-
timization）に対応しているかどうかを表します.

しかし, Optuna v3.0.4 時点では Optuna にはバッチ最適化を Study.optimize
によって行うインタフェースは存在しません. かわりに, Ask-and-Tell インタ
フェースを工夫して利用することで, バッチ最適化を実現することができます[*22].

BoTorchSampler 以外のサンプラーは, バッチ最適化において効率的に探索点
選択をすることができます. なお, TPESampler はデフォルトではバッチ最適化
の性能が低いことが知られていますが, constant_liar オプションを True に設

[*22] 本書では説明を割愛しますので, 興味のある読者は Optuna の公式ドキュメントを参照
してください.

定することで，バッチ最適化の性能を高めるアルゴリズムを利用することができます．

(ix) 分散並列最適化への対応

この行は，各サンプラーが分散並列最適化における効率的な探索点選択に対応しているかどうかを表しています．

基本的に，`BoTorchSampler` 以外のサンプラーは，分散並列最適化において効率的に探索点選択をすることができます．なお，`TPESampler` はデフォルトでは分散並列最適化の性能が低いことが知られていますが，`constant_liar` オプションを `True` に設定することで，分散並列最適化の性能を高めるアルゴリズムを利用することができます．

(x) 制約付き最適化への対応

この行は，各サンプラーが制約付き最適化に対応しているかどうかを表しています．

`TPESampler`，`NSGAIISampler`，`BoTorchSampler` には制約付き最適化を実現するためのインタフェースが実装されています．

一方，そのほかのサンプラーにはそのようなインタフェースが存在しません．

(xi) トライアルあたりの時間計算量

この行は，各サンプラーの 1 トライアルあたりの探索点選択にかかる時間計算量を表しています．

ここで，d は探索空間の次元数，n は完了しているトライアル数を表します．また，`NSGAIISampler` 以外のサンプラーについては，単目的最適化における計算量が示されています．`NSGAIISampler` では，m は多目的最適化における目的数，p は `NSGAIISampler` に固有のパラメータ[*23] です．

なお，すべてのサンプラーで，$O(d + n)$ が省略されていることに注意してください．これは Optuna の実装上の都合により，サジェスト API を呼ぶために $O(d)$，完了したトライアルを取得するために $O(n)$ の時間がかかるためです．

(xii) 推奨されるトライアル数

この行は，各サンプラーを利用する際に推奨されるトライアル数の上限を表しています．

[*23] 個体数です（6.3.2 項の (5) を参照）．

ただし，あくまでこの数字は目安であり，実際のトライアル数の上限は探索空間の次元や目的数などに依存することに注意してください．

　各サンプラーの特徴を踏まえると，さまざまな設定に合わせて適切なサンプラーを選択する価値があることがわかります．最もわかりやすい使い分けの基準は，自分の最適化したい目的関数にかけられるトライアル数です．例えば，数百トライアル程度ならばデフォルトの TPESampler で十分ですが，数千トライアルを実行しようとするときには CmaEsSampler を利用すべきでしょう．

　以上のように，Optuna にはさまざまな探索点選択アルゴリズムが実装されており，多種多様なユーザのニーズに応じて適切なサンプラーを選択することができます．さらに，Optuna は OSS（open-source software，オープンソースソフトウェア）ですから，まだ不十分な部分があるならば，ぜひ GitHub で Issue を作成したり，実際に Pull Request を送ってみたりしてみてください．本書の筆者らとしても，皆さんからのフィードバックをお待ちしています．

参考文献

[1] A. Auger and N. Hansen. A restart cma evolution strategy with increasing population size. In *Proceedings of IEEE Congress on Evolutionary Computation*, pages 1769–1776, 2005.

[2] James Bergstra and Yoshua Bengio. Random search for hyper-parameter optimization. *Journal of Machine Learning Research*, pages 281–305, 2012.

[3] Julian Berk, Sunil Gupta, Santu Rana, and Svetha Venkatesh. Randomised gaussian process upper confidence bound for bayesian optimisation. In *Proceedings of the 29th International Joint Conference on Artificial Intelligence*, pages 2284–2290, 2020.

[4] Adam D. Bull. Convergence rates of efficient global optimization algorithms. *Journal of Machine Learning Research*, pages 2879–2904, 2011.

[5] Han Cai, Ligeng Zhu, and Song Han. ProxylessNAS: Direct neural architecture search on target task and hardware. In *the 7th International Conference on Learning Representations*, 2019.

[6] K. Deb, A. Pratap, S. Agarwal, and T. Meyarivan. A fast and elitist multi-objective genetic algorithm: Nsga-ii. In *Proceedings of IEEE Transactions on Evolutionary Computation*, pages 182–197, 2002.

[7] Thomas Elsken, Jan Hendrik Metzen, and Frank Hutter. Neural architecture search: A survey. *Journal of Machine Learning Research*, pages 1997–2017, 2018.

[8] Stefan Falkner, Aaron Klein, and Frank Hutter. BOHB: Robust and efficient hyperparameter optimization at scale. In *Proceedings of the 35th International Conference on Machine Learning*, pages 1436–1445, 2018.

[9] Peter Frazier, Warren Powell, and Savas Dayanik. The knowledge-gradient policy for correlated normal beliefs. *INFORMS Journal on Computing*, pages 599–613, 2009.

[10] Jacob R. Gardner, Matt J. Kusner, Zhixiang Xu, Kilian Q. Weinberger, and John P. Cunningham. Bayesian optimization with inequality constraints. In *Proceedings of the 31st International Conference on International Conference on Machine Learning*, pages 937–945, 2014.

[11] David Ginsbourger, Rodolphe Le Riche, and Laurent Carraro. A Multi-points Criterion for Deterministic Parallel Global Optimization based on Gaussian Processes. Technical report, 2008.

[12] Andreia P. Guerreiro, Carlos M. Fonseca, and Luís Paquete. The hypervolume indicator: Computational problems and algorithms. *ACM Computing Surveys*, pages 1–42, 2021.

[13] Awni Hannun, Carl Case, Jared Casper, Bryan Catanzaro, Greg Diamos, Erich Elsen, Ryan Prenger, Sanjeev Satheesh, Shubho Sengupta, Adam Coates, and Andrew Y. Ng. Deep speech: Scaling up end-to-end speech recognition. *arXiv: https://arxiv.org/abs/1412.5567*, 2014.

[14] Nikolaus Hansen. The cma evolution strategy: A comparing review. *Towards a new evolutionary computation. Studies in Fuzziness and Soft Computing*, pages 75–102, 2006.

[15] Tom Henighan, Jared Kaplan, Mor Katz, Mark Chen, Christopher Hesse, Jacob Jackson, Heewoo Jun, Tom B. Brown, Prafulla Dhariwal, Scott Gray, Chris Hallacy, Benjamin Mann, Alec Radford, Aditya Ramesh, Nick Ryder, Daniel M. Ziegler, John Schulman, Dario Amodei, and Sam McCandlish. Scaling laws for autoregressive generative modeling. *arXiv: https://arxiv.org/abs/2010.14701*, 2020.

[16] Philipp Hennig and Christian J. Schuler. Entropy search for information-efficient global optimization. *Journal of Machine Learning Research*, pages 1809–1837, 2012.

[17] José Miguel Henrández-Lobato, Matthew W. Hoffman, and Zoubin Ghahramani. Predictive entropy search for efficient global optimization of black-box functions. In *Proceedings of the 27th International Conference on Neural Information Processing Systems - Volume 1*, pages 918–926, 2014.

[18] F. Hutter, H. Hoos, and K. Leyton-Brown. An efficient approach for assessing hyperparameter importance. In *Proceedings of the 31th International Conference on Machine Learning 2014*, pages 754–762, 2014.

[19] Frank Hutter, Holger H. Hoos, and Kevin Leyton-Brown. Sequential model-based optimization for general algorithm configuration. In *Proceedings of the 5th International Conference on Learning and Intelligent Optimization*, pages 507–523, 2011.

[20] Liam Li, Kevin Jamieson, Afshin Rostamizadeh, Ekaterina Gonina, Jonathan Ben-tzur, Moritz Hardt, Benjamin Recht, and Ameet Talwalkar. A system for massively parallel hyperparameter tuning. In *Proceedings of the 3rd Machine Learning and Systems*, pages 230–246, 2020.

[21] Lisha Li, Kevin Jamieson, Giulia DeSalvo, Afshin Rostamizadeh, and Ameet Talwalkar. Hyperband: A novel bandit-based approach to hyperparameter optimization. *Journal of Machine Learning Research*, pages 6765–6816, 2017.

[22] Charles A. Micchelli, Yuesheng Xu, and Haizhang Zhang. Universal kernels. *Journal of Machine Learning Research*, pages 2651–2667, 2006.

[23] Shervin Minaee, Yuri Boykov, Fatih Porikli, Antonio Plaza, Nasser Kehtarnavaz, and Demetri Terzopoulos. Image segmentation using deep learning: A survey. *IEEE Transactions on Pattern Analysis and Machine Intelligence*, pages 3523–3542, 2022.

[24] Jonas Mockus. On bayesian methods for seeking the extremum. In *Optimization Techniques*, 1974.

[25] Vu Nguyen, Sunil Gupta, Santu Rana, Cheng Li, and Svetha Venkatesh. Regret for expected improvement over the best-observed value and stopping condition. In *Proceedings of the 9th Asian Conference on Machine Learning*, pages 279–294, 2017.

[26] Masahiro Nomura, Shuhei Watanabe, Youhei Akimoto, Yoshihiko Ozaki, and Masaki Onishi. Warm starting cma-es for hyperparameter optimization. In *Proceedings of the AAAI Conference on Artificial Intelligence*, pages 9188–9196,

2021.

[27]   Takuma Oda. Equilibrium inverse reinforcement learning for ride-hailing vehicle network. In *Proceedings of the Web Conference 2021*, pages 2281–2290, 2021.

[28]   Yoshihiko Ozaki, Yuki Tanigaki, Shuhei Watanabe, and Masaki Onishi. Multi-objective tree-structured parzen estimator for computationally expensive optimization problems. In *Proceedings of the Genetic and Evolutionary Computation Conference*, pages 533–541, 2020.

[29]   Vassil Panayotov, Guoguo Chen, Daniel Povey, and Sanjeev Khudanpur. Librispeech: An asr corpus based on public domain audio books. In *Proceedings of the 2015 IEEE International Conference on Acoustics, Speech and Signal Processing (ICASSP)*, pages 5206–5210, 2015.

[30]   Stjepan Picek and Marin Golub. Comparison of a crossover operator in binary-coded genetic algorithms. *WSEAS Transactions on Computers archive*, pages 1064–1073, 2010.

[31]   Carl Edward Rasmussen and Christopher K. I. Williams. *Gaussian Processes for Machine Learning (Adaptive Computation and Machine Learning)*. The MIT Press, 2005.

[32]   Esteban Real, Alok Aggarwal, Yanping Huang, and Quoc V. Le. Regularized evolution for image classifier architecture search. In *Proceedings of the AAAI Conference on Artificial Intelligence*, pages 4780–4789, 2019.

[33]   Raymond Ros and Nikolaus Hansen. A simple modification in cma-es achieving linear time and space complexity. In *Parallel Problem Solving from Nature*, pages 296–305, 2008.

[34]   Mark Sandler, Andrew Howard, Menglong Zhu, Andrey Zhmoginov, and Liang-Chieh Chen. Mobilenetv2: Inverted residuals and linear bottlenecks. In *Proceedings of the IEEE Conference on Computer Vision and Pattern Recognition (CVPR)*, 2018.

[35]   Bobak Shahriari, Kevin Swersky, Ziyu Wang, Ryan P. Adams, and Nando de Freitas. Taking the human out of the loop: A review of bayesian optimization. In *Proceedings of the IEEE*, pages 148–175, 2016.

[36]   Jasper Snoek, Hugo Larochelle, and Ryan P Adams. Practical bayesian optimization of machine learning algorithms. In *Proceedings of the 25th International Conference on Neural Information Processing Systems*, pages 2951–2959, 2012.

[37]   Benjamin Solnik, Daniel Golovin, Greg Kochanski, John Elliot Karro, Subhodeep Moitra, and D. Sculley. Bayesian optimization for a better dessert. In *Proceedings of the 2017 Neural Information Processing Systems Workshop on Bayesian Optimization*, 2017.

[38]   Niranjan Srinivas, Andreas Krause, Sham Kakade, and Matthias Seeger. Gaussian process optimization in the bandit setting: No regret and experimental design. In *Proceedings of the 27th International Conference on International Conference on Machine Learning*, pages 1015–1022, 2010.

[39]   Mingxing Tan, Bo Chen, Ruoming Pang, Vijay Vasudevan, Mark Sandler, Andrew Howard, and Quoc V. Le. Mnasnet: Platform-aware neural architecture search for mobile. In *Proceedings of the IEEE/CVF Conference on Computer*

Vision and Pattern Recognition (CVPR), 2019.

[40] Mingxing Tan and Quoc Le. Efficientnetv2: Smaller models and faster training. In *Proceedings of the 38th International Conference on Machine Learning*, pages 10096–10106, 2021.

[41] Hung Tran-The, Sunil Gupta, Santu Rana, and Svetha Venkatesh. Regret bounds for expected improvement algorithms in gaussian process bandit optimization. In *Proceedings of The 25th International Conference on Artificial Intelligence and Statistics*, pages 8715–8737, 2022.

[42] 河原吉伸, 永野清仁. 劣モジュラ最適化と機械学習. MLP 機械学習プロフェッショナルシリーズ. 講談社, 2015.

[43] 金森敬文, 鈴木大慈, 竹内一郎, 佐藤一誠. 機械学習のための連続最適化. MLP 機械学習プロフェッショナルシリーズ. 講談社, 2016.

[44] 佐藤寛之, 石渕久生. 進化型多数目的最適化の現状と課題. オペレーションズ・リサーチ：経営の科学, pages 156–163, 2017.

[45] 杉山 将. 機械学習のための確率と統計. MLP 機械学習プロフェッショナルシリーズ. 講談社, 2015.

[46] 伊庭斉志. 進化計算と深層学習 創発する知能. オーム社, 2015.

索　引

〈著者略歴〉

佐野 正太郎 （さの しょうたろう）
2014年，京都大学 大学院情報学研究科
修士課程 修了

金融業や広告業のソフトウェアエンジニアを経て，2018年より株式会社 Preferred Networks エンジニア．2019年より同 AutoML チーム担当エンジニアリングマネージャー．ハイパーパラメータ最適化ツール Optuna の開発をはじめとする機械学習エンジニアリングの自動化・効率化に従事

秋葉 拓哉 （あきば たくや）
2013年，東京大学 大学院情報理工学系研究科
修士課程 修了

2015年，同研究科博士課程 修了．2015年，国立情報学研究所 助教．2016年，株式会社 Preferred Networks リサーチャー．2018年，同機械学習基盤担当 VP．機械学習の大規模化・効率化を主眼に置いた機械学習フレームワークの研究開発などに従事

今村 秀明 （いまむら ひであき）
2020年，東京大学 大学院情報理工学系研究科
修士課程 修了

2020年より株式会社 Preferred Networks リサーチャー．学生時代はベイズ最適化の理論などを研究．現在は同 AutoML チームにて Optuna の開発，および，機械学習エンジニアリングの自動化・効率化に従事

太田 健 （おおた たける）
2008年，東洋大学 社会学部社会学科
学士課程 修了

複数のソフトウェアエンジニア職を経て，2018年に株式会社 Preferred Networks に入社し，Optuna の開発に携わる．2021年より株式会社 時雨堂で WebRTC を用いたリアルタイムコミュニケーション用のミドルウェア開発に従事

水野 尚人 （みずの なおと）
2020年，東京大学 大学院理学系研究科
博士課程単位取得 退学

2020年より株式会社 Preferred Networks エンジニア．学生時代は地震学における機械学習の応用などを研究．そのかたわら競技プログラミングにも打ち込み，ICPC（国際大学対抗プログラミングコンテスト）などに出場した

柳瀬 利彦 （やなせ としひこ）
2010年，東京大学 大学院新領域創成科学研究科
博士後期課程 修了，博士（科学）

株式会社 日立製作所を経て 2018年，株式会社 Preferred Networks に入社．AutoML チームにて Optuna の開発およびビジネスへの応用に従事

Optuna によるブラックボックス最適化

| 2023 年 2 月 17 日 | 第 1 版第 1 刷発行 |
| 2023 年 4 月 10 日 | 第 1 版第 2 刷発行 |

著　者	佐野正太郎・秋葉拓哉・今村秀明
	太田　健・水野尚人・柳瀬利彦
発行者	村上和夫
発行所	株式会社　オーム社
	郵便番号　101-8460
	東京都千代田区神田錦町 3-1
	電話　03(3233)0641(代表)
	URL　https://www.ohmsha.co.jp/

© 佐野正太郎・秋葉拓哉・今村秀明・太田　健・水野尚人・柳瀬利彦 2023

組版　清閑堂　印刷・製本　三美印刷
ISBN978-4-274-23010-3　Printed in Japan

本書の感想募集　https://www.ohmsha.co.jp/kansou/
本書をお読みになった感想を上記サイトまでお寄せください．
お寄せいただいた方には，抽選でプレゼントを差し上げます．